Ben Stacy Jerrik (Hrsg.)

Benz 16/35 PS

Ben Stacy Jerrik (Hrsg.)

Benz 16/35 PS

Benz 20/35 PS, Kardanwelle, Fahrzeugklasse, Karosseriebauform, Kleinwagen

Part Press

Publisher:
Part Press is a trademark of
International Book Market Service Ltd., 17 Rue Meldrum, Beau Bassin, 1713-01 Mauritius
Email: info@bookmarketservice.com
Website: www.bookmarketservice.com

Published in 2012

Printed in: U.S.A., U.K., Germany. This book was not produced in Mauritius.

ISBN: 978-613-7-86427-2

Contents

References

Benz_16/35_PS

Benz	

16/35 PS / 16/40 PS / 16/40 PS Sport	
Hersteller:	Benz & Cie.
Produktionszeitraum:	1912–1914
Klasse:	Mittelklasse
Karosserieversionen:	Zweisitzer, Runabout, Limousine
Motoren:	4,0 l-R4, 35–60 PS (26–44 kW)
Länge:	4525 mm
Breite:	1720 mm
Höhe:	2180 mm
Radstand:	3150–3250 mm
Leergewicht:	1350 kg
Vorgängermodell:	Benz 20/35 PS
Nachfolgemodell:	Benz 18/45 PS

Der **Benz 16/35 PS** war der Nachfolger des Benz 20/35 PS. Noch 1912 wurde der 16/35 PS durch den **Benz 16/40 PS** ersetzt.

Der 16/35 PS war mit einem Vierzylinder-Reihenmotor mit 3950 cm³ Hubraum ausgestattet, der 35 PS (26 kW) bei 1600 min^{-1} entwickelte. Die Motorkraft wurde, über eine Lederkonuskupplung, an ein Vierganggetriebe weitergeleitet und von dort über eine Kardanwelle an die Hinterräder. Die Höchstgeschwindigkeit lag bei 80 km/h, der Benzinverbrauch bei 20 l / 100 km.

Der noch im Erscheinungsjahr des 16/35 PS aufgelegte Nachfolger 16/40 PS besaß einen gleich großen Motor, der aber 40 PS (29 kW) bei 1700 min^{-1} abgab. 1913 erschien dann noch ein zweisitziges Sportmodell, dessen ebenfalls gleich großer Motor 52 PS (38 kW) bei 1850 min^{-1} oder gar 60 PS (44 kW) bei 2600 min^{-1} erreichte. Dieses Sportmodell fuhr 115 km/h schnell.

Die Fahrzeuge waren nach wie vor mit Holz- oder Drahtspeichenrädern und blattgefederten Starrachsen ausgestattet. Das Fahrgestell kostete ℳ 12.500,--

Quelle

- Werner Oswald: *Mercedes-Benz Personenwagen 1886–1986*. 4. Auflage. Motorbuch Verlag Stuttgart (1987). ISBN 3-613-01133-6, S. 50–51

Benz_20/35_PS

Benz	
Bild nicht vorhanden	
20/35 PS	
Hersteller:	Benz & Cie.
Produktionszeitraum:	1909–1910
Klasse:	Mittelklasse
Karosserieversionen:	Doppelphaeton, Limousine, Landaulet
Motoren:	5,2 l-R4, 35 PS (26 kW) 4,85 l-R4, 35 PS (26 kW)
Länge:	
Breite:	
Höhe:	
Radstand:	3090–3210 mm
Leergewicht:	1050–1200 kg
Vorgängermodell:	Benz 28/30 PS
Nachfolgemodell:	Benz 16/35 PS

Der **Benz 20/35 PS** war eine Weiterentwicklung des Benz 28/30 PS.

Der Wagen war zunächst mit einem Vierzylinder-Reihenmotor mit 5195 cm³ Hubraum ausgestattet, der 35 PS (26 kW) bei 1400 min^{-1} entwickelte. Die Motorkraft wurde an über eine Lederkonuskupplung an ein Vierganggetriebe weitergeleitet und von dort je nach Wunsch des Kunden über Ketten oder eine Kardanwelle an die Hinterräder. Die Höchstgeschwindigkeit lag bei 75 km/h, der Benzinverbrauch bei 22 l / 100 km. 1910 wurde der Hubraum bei gleichbeleibender Leistung auf 4850 cm³ verringert.

Das blattgefederte Fahrzeug war mit Holzspeichenrädern und Luftreifen ausgestattet, und als Doppelphaeton für ℳ 15.500,--, als Limousine für ℳ 17.500,-- oder als Landaulet für den gleichen Preis erhältlich. Der Kettenantrieb kostete ℳ 1.000,-- Aufpreis.

Quelle

Werner Oswald: *Mercedes-Benz Personenwagen 1886–1986*. 4. Auflage. Motorbuch Verlag Stuttgart (1987). ISBN 3-613-01133-6, S. 44–45

Kardanwelle

Die **Kardanwelle** ist eine klassische Ausführung einer Gelenkwellenkombination mit einem oder zwei Kreuzgelenken (auch Kardangelenke genannt). Sie ermöglicht die Drehmoment-Übertragung in einem geknickten Wellenstrang, wobei die Knickung unter Last veränderlich sein darf. Die Bezeichnung Kardanwelle wird gelegentlich auch für Wellen mit homokinetischen Gelenken oder für Wellen mit einem Kreuzgelenk und Hardyscheibe statt zweitem Kreuzgelenk (z.B. Renault Espace mit Verbundfaserwelle) verwendet. Gegenüber diesen bietet die Kardanwelle mit Kreuzgelenken erhebliche Wirkungsgradvorteile.

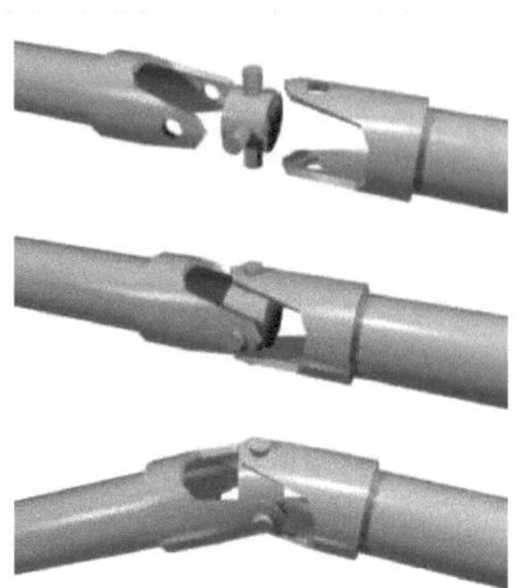

Kardangelenk

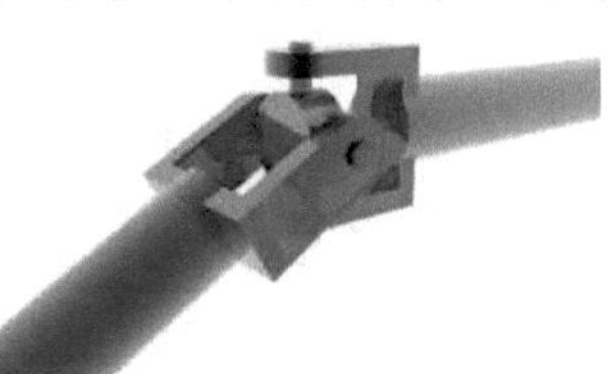

Kardangelenk in Rotation

Technik

Beim Einsatz von zwei Kreuzgelenken ist die Übertragung mit einer Welle möglich, ohne dass der Drehgeschwindigkeit am Abtrieb eine periodische Schwankung überlagert wird, wenn folgende Bedingungen erfüllt sind:

- Die Welle ist dreiteilig (zwei Anschlussflansche und die Verbindung der beiden Kreuzgelenke)
- Je zwei benachbarte Kreuzgelenke sind um 90° verdreht mit der mittleren Welle verbunden
- Gleiche Knickwinkel an jedem der beiden Kreuzgelenke
- Drehachsen aller drei Wellenteile in einer Ebene

Dieser Aufbau führt zur bekannten W- oder zur Z-Anordnung, wobei die Z-Anordnung (parallele Drehachsen an An- und Abtrieb) in Fahrzeugen üblicherweise zur Kraftübertragung verwendet wird, während sich die W-Anordnung gelegentlich in Lenksäulen findet.

Der Name Kardanwelle leitet sich von den verwendeten Kreuzgelenken (siehe Geschichte des Kreuzgelenks) ab.

Technische Grenzen

Der Einsatz der Kardanwelle wird aus technischer Sicht durch mehrere Größen begrenzt:

- Das maximal übertragbare Drehmoment. Größeres Drehmoment erfordert größere Wellendurchmesser, für die wiederum Bauraum im Fahrzeugs geschaffen werden muss.
- Die Welle besitzt eine biegekritische Drehzahl, ab der jede Unwucht zu einem Schlagen führt. Dieser Effekt begrenzt die maximale Drehzahl der Welle[1] . Als Gegenmaßnahme kommen steifere Wellen (was meist größere Durchmesser bedeutet) oder den Ersatz einer langen Kardanwelle durch mehrere kurze Wellen mit Zwischengelenken (Nachteil: Geräuschübertragung an der Lagerung des Gelenks ins Fahrzeug) in Frage.
- Mit steigendem Beugewinkel und steigendem Drehmoment sinkt der Wirkungsgrad der Gelenke. Bei falscher Auslegung (zu große Beugung oder zu große übertragene Leistung) kann die Erwärmung zur Zerstörung der Gelenke führen. Eine völlig gestreckte Welle (Beugewinkel $\beta = 0°$) hat keine Verluste ($\eta = 100\%$)

Ausführungen und Anwendungen

Kardanwellen in PKW und LKW

Kardanwelle mit zwei Kardangelenken und einem zusätzlichem Schubgelenk (Passverzahnung) zum Längsausgleich (Gelenkwelle)

Aufgabe einer Kardanwelle ist die Drehmomentübertragung in Kraftfahrzeugen, bei denen Motor und angetriebene Achse große Distanzen haben, meist in der Kombination Frontmotor mit Heckantrieb, bei Allradantrieben (sowohl Front- wie auch Heckmotor) und in Nutzfahrzeugen zusätzlich als Verbindung zwischen zwei angetriebenen Achsen (insbesondere bei Baustellenfahrzeugen). In den meisten Fällen leitet die Kardanwelle Drehmoment vom Getriebeausgang zum Achsdifferential, bei der Transaxle-Bauweise vom Motor zum Getriebe an der Achse (beispielsweise Porsche 944). Das erste Automobil mit Kardanantrieb war vermutlich das 1898 erste von Louis Renault konstruierte und gefertigte Auto.[2]

Mit dem Achsdifferential ist die Kardanwelle in der Regel mit einem zweiten Kardangelenk und mit Ausgangswelle des Getriebes meistens über eine Hardyscheibe verbunden. Eine solche Scheibe ähnelt einem Kardangelenk, die Funktion der Drehgelenke wird von der elastischen Biegbarkeit einer meistens aus Gummi bestehenden Scheibe übernommen, an die die beiden zu verbindenden Wellen angeschraubt werden. Die Hardyscheibe erlaubt kleine elastische Längsbewegungen zwischen Motor-Getriebe-Gruppe und Hinterachse. Ihre Elastizität in Umfangsrichtung wird ausgenutzt, um Stöße in der Drehmomentübertragung abzufedern. Bei langen Fahrzeugen wird die vordere Teilwelle kurz vor dem Kardangelenk mit einem Radiallager am Fahrzeug befestigt, bei kürzeren Fahrzeugen kann eines der beiden vorderen winkelbeweglichen Gelenke entfallen (nur ein Wellenstück).

Gelenkwelle mit zwei Kardangelenken

In geknickter Stellung ist die Drehübertragung mittels Kardangelenk ungleichförmig. Der vom Antrieb vorgegeben Drehfrequenz ist am Abtrieb eine kleine Schwankung der doppelten Frequenz überlagert. Mit zwei gegeneinander um 90° verdrehten hintereinander folgenden Kardangelenken hebt sich der Übertragungsfehler auf, wenn beide Gelenke gleichermaßen geknickt sind. Der eine der beiden möglichen Fälle ist der parallele Versatz zwischen treibender und getriebener Welle. Als Gelenkwelle wird die überbrückende Welle zusammen mit den beiden an ihr befestigten Kardangelenken bezeichnet. Sie ist oft in ihrer Mitte durch ein Schiebegelenk geteilt, das den Längsausgleich bei rein paralleler Versatzänderung ermöglicht. Ein typischer Anwendungsfall ist der Antrieb einer quer verfahrbaren Spindel einer Werkzeugmaschine, die nicht ungleichmäßig drehen darf.

Gelenkwellen sind auch Hauptbestandteil von Zapfwellen-Systemen zwischen Traktoren und gezogenen landwirtschaftlichen oder anderen Arbeitsmaschinen. Das zweite Kardangelenk und das zusätzliche Schubgelenk sind hier nötig, um die Drehmoment-Übertragung ganz unabhängig davon zu machen, wie und an welchem Punkt die gezogene Maschine angehängt wird.

Die Kardanwelle an Motor- und Fahrrädern

Kardanwelle zur Drehmoment-Übertragung an einem Fahrrad, Hinterrad schwingend, kein Kardangelenk

Die Kardanwelle an Motor- und Fahrrädern wird für die Drehmoment-Übertragung auf das Hinterrad verwendet. Häufig besitzen solche Wellen allerdings nur ein Kreuzgelenk, um die Hubbewegung des Hinterrades beim Einfedern auszugleichen. Bei Fahrrädern wird der Kardanantrieb aus Kostengründen selten verwendet, da hier in der Regel zusätzlich zu wenigstens einem Kreuzgelenk auch je ein Kegelradsatz an der Tretkurbel wie auch am Hinterrad benötigt wird.

Einzelnachweise

[1] G. Dittrich, "Maschinendynamik I", Vorlesungsumdruck des Instituts für Getriebetechnik und Maschinendynamik RWTH Aachen, Wintersemester 1991/1992

[2] *Vor hundert Jahren rollte in Paris das erste Auto mit Kardanwelle* (http://www.schule.de/bics/son/verkehr/presse/1998_1/v1781_16.htm). *VDI-Nachrichten*. Verein zur Förderung eines Offenen Deutschen Schul-Netzes. Abgerufen am 22. November 2009.

Benz_&_Cie.

WARNING: Article could not be rendered - ouputting plain text.
Potential causes of the problem are: (a) a bug in the pdf-writer software (b) problematic Mediawiki markup (c) table is too wide

Carl Benz (1844–1929)Benz-Stationärmotor Die Benz & CompagnieCie. Rheinische Gasmotorenfabrik in Mannheim war ein deutsches Maschinenbau- und Automobilunternehmen, das in Mannheim gegründet wurde und später Betriebsstätten in Mannheim-Waldhof und Gaggenau hatte.Geschichte Der Ingenieur Carl Benz, der 1879 seinen ersten funktionierenden Zweitaktmotor entwickelte und 1883 aus der von ihm gegründeten „Mannheimer Gasmotorenfabrik" ausschied, gründete am 1. Oktober desselben Jahres zusammen mit den Kaufleuten Max Caspar Rose und Friedrich Wilhelm Eßlinger die „Benz & Cie. Rheinische Gasmotorenfabrik in Mannheim". Bereits in den ersten 4 Monaten konnte das neue Unternehmen über 800 Stationärmotoren verkaufen. 1886 erhielt das Unternehmen das Patent auf das neue, dreirädrige Ligroingas-Veloziped, das als Benz Patent-Motorwagen Nummer 1 angeboten wurde. Damit war Benz & Cie. der erste Automobilhersteller Deutschlands. In rascher Folge entstanden weitere drei- und vierrädrige Automobile. Während Benz & Cie. die Fahrgestelle und Motoren fertigte, lieferte der Mannheimer Stellmacherbetrieb Kalkreuther fast alle Aufbauten und Karosserien. Von seinen Zweitaktmotoren konnten 1886 schon 80 Stück verkauft werden und 1891 waren es bereits 500 Motoren die größtenteils exportiert wurden. Im Jahr 1891 hatte Benz die Lenkung#AchsschenkellenkungAchsschenkellenkung für seine Fahrzeuge nochmals neu erfunden.Ein Jahrhundert Automobiltechnik – Nutzfahrzeuge, Seite 14+15. VDI-Verlag 1987 ISBN 3-18-400656-6 (formal falsche ISBN) Hatte man bis 1893 noch gerade mal 69 Fahrzeuge hergestellt, waren es bis zur Jahrhundertwende schon insgesamt 1709 Stück. Die Zahl der Beschäftigten stieg von 40 im Jahre 1887 bis auf 430 im Jahre 1899. 1890 schieden die beiden Gesellschafter Rose und Eßlinger aus dem Unternehmen aus. Neue Miteigentümer wurden Friedrich von Fischer und Julius Ganß, die, wie Benz, die Zukunft im Bau von Automobilen sahen. 1899 wurde die Benz & Cie. (oder Benz & Co., wie einige Quellen angeben) in „Benz & Cie. AG" umbenannt; die Vorstände der neuen Aktiengesellschaft wurden Benz und Ganß. Im neuen Jahrhundert, als die Eigner des Unternehmens gerade Grundstücke zum Bau einer neuen Fabrik im Mannheimer Vorort Waldhof gekauft hatten, sackten die Verkäufe plötzlich drastisch ab: Der wichtigste Konkurrent, die Daimler-Motoren-Gesellschaft in Stuttgart hatte mit ihren modernen Mercedes-Modellen der ehemals größten Automobilfabrik der Welt entscheidende Marktanteile abgenommen. Ganß verpflichtete daraufhin den französischen Konstrukteur Marius Barbarou, der auch gleich Pläne für eine ganz neue Baureihe mitbrachte, die die veralteten Benz-Konstruktionen ersetzte und unter dem Namen „Parsifal" herauskam. Barbarou wurde als Konstrukteur der neuen Benz-Wagen der Öffentlichkeit präsentiert, was Benz so verärgerte, dass er sich 1903 aus der aktiven Tätigkeit im Unternehmen zurückzog. Auch die neue Baureihe verbesserte die Situation des Unternehmens nicht wesentlich, und so schieden 1904 Ganß und Barbarou aus dem Unternehmen aus, Benz wurde Aufsichtsratsvorsitzender. Die neuen Gesellschafter Georg Diehl und Fritz Erle ließen vom neuen Konstrukteur Hans Nibel die Modellpalette gründlich überarbeiten und sorgten endlich 1905 wieder für den notwendigen wirtschaftlichen Erfolg, vorwiegend mit Fahrzeugen der Ober- und Luxusklasse. Aber auch die Rennfahrzeuge machten die Benz & Cie. weltberühmt. Bekanntestes Modell war der Blitzen-Benz von 1909. Benz Patent-Motorwagen No. 1 (1886)Präsentation des Benz Velo in London (1898)Blitzen-Benz (1909)Benz 16/40 PS (1913)Werk Gaggenau Markenzeichen Benz Gaggenau Benz & Cie. sah weitere Marktchancen im Bau von Lastkraftwagen, wozu allerdings der Platz im Mannheimer Werk nicht ausreichte. Daher kooperierte man ab 1907 mit der Süddeutsche Automobil-Fabrik GaggenauSüddeutschen Automobilfabrik GmbH in Gaggenau und übernahm das Unternehmen und seine Betriebsstätte 1909 ganz. Die Süddeutsche Automobilfabrik hatte sich im Wesentlichen mit dem Lastwagenbau beschäftigt, ihre wenig umfangreiche PKW-Produktion wurde aufgegeben. Für das Jahr 1910 wird die Zahl der Beschäftigten bei Benz & Cie. mit 2500 im Werk Mannheim und 840 im Werk Gaggenau angegeben. Werk Waldhof Markenzeichen BenzFabrikschild mit der neuen Unternehmensbezeichnung ab 1911 Auch für die PKW-Produktion reichte der Platz im alten Mannheimer Werk bald nicht mehr aus. Auf den von Benz und Ganß bereits vor Jahren gekauften Grundstücken in Waldhof entstand daher 1908 und 1909 eine komplett neue Fabrik für die Automobilproduktion. Die Stationärmotoren – immer noch ein Standbein des Unternehmens – wurden weiterhin in der Mannheimer Innenstadt hergestellt. Da die Herstellung von Automobilen inzwischen der Hauptgeschäftszweig war, änderte man im August 1911 die Unternehmensbezeichnung erneut: Die neue Gesellschaft hieß nun „Benz & Cie., Rheinische Automobil- und Motorenfabrik AG". Seit 1911 baute Benz & Cie. auch wieder kleinere Automobile mit ca. 2 Litern Hubraum, die dann auch Basis der Erster WeltkriegKriegs- und Nachkriegsproduktion waren. Die Zusammenarbeit mit Edmund Rumpler brachte nicht den erhofften Erfolg, obwohl ein „Benz Tropfenwagen" als Rennwagen entstand. Im Jahre 1922 wurde die Fertigung von Stationärmotoren ausgegliedert und an die Berliner Finanzgruppe „Fonfé" verkauft. Diese betrieb die Fabrik in der Mannheimer Innenstadt, in der während des Erster WeltkriegErsten Weltkrieges auch Flugmotoren produziert wurden, als „Motoren-Werke Mannheim AG" (MWM) weiter. Ab 1921 bekam der Berliner Börsenspekulant Jakob Schapiro durch gewagte Finanztransaktionen und Kompensationsgeschäfte (Benz Motorwagen gegen seine Schebera-Karosserien) immer mehr Einfluss im Unternehmen. Schließlich war er im Aufsichtsrat vertreten, und 1924 gehörten ihm bereits 60 % der Aktien der Benz & Cie. AG. In der gleichen Art und Weise hatte er sich auch Einfluss in anderen deutschen Automobilunternehmen verschafft, u. a. bei der Daimler-Motoren-Gesellschaft (DMG) in Stuttgart, bei der Nationale Automobil-GesellschaftNAG in Berlin, bei Hansa-Lloyd in Bremen und bei der NSU MotorenwerkeNSU in Neckarsulm. Schapiro brachte mit seinen Spekulationsgeschäften all diese Unternehmen an den Rand des Konkurses, wobei die DMG auf Grund ihrer Wirtschaftskraft sich noch am ehesten halten konnte. Der Vorstandsvorsitzende von Benz & Cie., Wilhelm Kissel, nahm daher 1924 Fusionsverhandlungen mit dem ehemaligen Konkurrenten DMG auf, mit dem man bereits seit einiger Zeit eine Vertriebskooperation betrieb. 1925 wurde Kissel auch als Vorstand der DMG bestellt, und am 1. Juli 1926 flossen beide Unternehmen (im Verhältnis 654 (Daimler): 346 (Benz)) in die neue Daimler-BenzDaimler-Benz AG mit Sitz in Stuttgart-Untertürkheim ein. Siehe auch Mercedes-Benz Veteranen Club von DeutschlandLiteratur Hans-Otto Neubauer, Michael Wessel: Die Automobile der Benzstadt Gaggenau. Neubauer-Verlag, Hamburg 1986. Werner Oswald: Mercedes-Benz

Personenwagen 1886–1986. Motorbuch-Verlag, Stuttgart 1987, ISBN 3-61301133-6. Mercedes-Benz AG (Hrsg.): Benz & Cie. Zum 150. Geburtstag von Karl Benz. Motorbuch-Verlag, Stuttgart 1994. Hans-Erhard Lessing u.a. (Hrsg.): Die Benzwagen. (Reprint der Unternehmensschrift von 1913) Wellhöfer-Verlag, Mannheim 2008.Weblinks Werkbahnen von Benz & Cie.Einzelnachweise

---

Fahrzeugklasse

WARNING: Article could not be rendered - ouputting plain text.

Potential causes of the problem are: (a) a bug in the pdf-writer software (b) problematic Mediawiki markup (c) table is too wide

Als Fahrzeugklasse bezeichnet man eine abgegrenzte Gruppe von Kraftfahrzeug-Modellen, die von der Form, von ihrer Größe oder preislich untereinander konkurrieren.Unterschiedliche Klassifikationssysteme Anteil der Fahrzeugsegmente an den Neuzulassungen in Deutschland 2011 (Quelle: KBA)http://www.kba.de/cln_031/nn_330292/DE/Statistik/Fahrzeuge/Neuzulassungen/MonatlicheNeuzulassungen/201112 Kompaktklasse 25.4 % Kleinwagen 18.4 % Mittelklasse 14.7 % Geländewagen 11.3 % Minivans 6.8 % Kleinstwagen 5.6 % Obere Mittelklasse 5.2 % Großraum-Vans 5.1 % Sonstige 7.5 % Anteil der Fahrzeugsegmente am Pkw-Bestand in Deutschland 2010 (Quelle: KBA)http://www.kba.de/cln_031/nn_212378/DE/Statistik/Fahrzeuge/Bestand/Segmente/2010__b__segmente__kompakt_ Kompaktklasse 27.6 % Kleinwagen 20.1 % Mittelklasse 19.4 % Kleinstwagen 5.7 % Obere Mittelklasse 5.7 % Großraum-Vans 4.5 % Minivans 4.0 % Geländewagen 3.6 % Sonstige 9.4 % In Deutschland, bzw. Europa verbreitete und von Behördebehördlichen Organisationen getragene Klassifikationssysteme sind: Fahrzeugsegment (Europäische Kommission)Fahrzeugsegment (Kraftfahrt-Bundesamt)EG-FahrzeugklasseDaneben gibt es weitere Klassenzuordnungen, die nicht von einer Organisation gestützt oder definiert, nichtsdestoweniger sehr verbreitet sind. Unter den Limousinen, KombinationskraftwagenKombis und Großraumlimousinen ist eine Klassifikation gut möglich, da die genannten Eigenschaften in engem Zusammenhang stehen. Bei Cabrios und Geländewagen findet eine Unterscheidung nach Kaufpreis und Fahrzeuggröße nicht statt. Größe, Gewicht und Leistung unterliegen einem stetigen Wachstum. Daher müssen auch die Fahrzeugklassen im zeitlichen Umfeld interpretiert werden. US-amerikanische BezeichnungBritische BezeichnungEU-Kommission European Commission classificationEuro NCAP 1997–2009Euro NCAP NCAP Comparable cars Deutsche Bezeichnung (Kraftfahrt-Bundesamt) Fahrzeugmodelle (Auswahl) MicrocarMicrocar, Bubble carKleinstwagenA: Kleinstwagen (City Car) Kleinstwagen (Supermini)Passenger carLeichtfahrzeugMicrocarMicrocar Virgo, IsettaSubcompact carCity carKleinstwagen (Minis) Aston Martin Cygnet, Citroën C1, Chevrolet Spark, Daewoo Matiz, Daihatsu Cuore, Fiat 500 (2007)Fiat 500, Ford Ka, Hyundai i10, Kia Picanto, Mitsubishi i MiEV, Nissan Pixo, Peugeot 107, Renault Twingo, Seat Mii, Škoda Citigo, Smart Fortwo, Suzuki Alto, Tata Nano, Toyota Aygo, Toyota iQ, VW FoxVolkswagen Fox, VW up!Volkswagen up!SuperminiKleinwagenB: Kleinwagen (Supermini)KleinwagenAlfa Romeo MiTo, Audi A1, Chevrolet Aveo, Citroën C3, Citroën DS3, Dacia Sandero, Daihatsu Charade (2011)Daihatsu Charade, Fiat Punto, Ford Fiesta, Honda JazzHonda Jazz/Honda Fit, Hyundai i20, Kia Rio, Lada Kalina, Lancia Ypsilon (846)Lancia Ypsilon, Mazda2, Mini (BMW Group), Mitsubishi Colt, Nissan Micra, Opel Corsa, Peugeot 207, Renault Clio, Renault Symbol, Seat Ibiza, Škoda Fabia, Subaru Justy, Suzuki Swift, Tata Indica, Toyota Yaris, Volkswagen

PoloCompact carSmall family carMittelklasseC: Mittelklasse (Small Family Car) Kompaktwagen (Small family car)KompaktklasseAlfa Romeo Giulietta (Typ 940)Alfa Romeo Giulietta, Audi A3, BMW 1er, Chevrolet Cruze, Citroën C4, Dacia Logan, Fiat Bravo, Ford Focus, Honda Civic, Hyundai i30, Kia cee'd, Lexus CT, Lancia Delta, Mazda3, Mercedes-Benz A-Klasse, Mitsubishi Lancer, Nissan Tiida, Opel Astra, Peugeot 308, Renault Mégane, Seat Leon, Škoda Octavia, Subaru Impreza, Suzuki SX4, Toyota Auris, Volkswagen Golf, Volvo C30Mid-size carLarge family carObere MittelklasseD: Obere Mittelklasse (Large Family Car) Mittelklasse (Large family car)MittelklasseChevrolet Malibu, Citroën C5, Ford Mondeo, Hyundai i40, Kia Magentis, Mazda6, Opel Insignia, Peugeot 508, Renault Laguna, Samand, Seat Exeo, Subaru Legacy, Toyota Avensis, Toyota Prius, Suzuki Kizashi, Volkswagen PassatEntry-level luxury carCompact executive carMittelklasseAlfa Romeo 159, Audi A4, Audi A5, BMW X1, BMW 3er, Cadillac CTS, Infiniti G V36/CV36, Lexus IS, Mercedes-Benz Baureihe 204Mercedes-Benz C-Klasse, Saab 9-3, Volvo S60Full-size car (Large car)OberklasseOberklasse (Executive car)OberklasseE: Oberklasse (Executive cars) Oberklasse (Executive car)Obere MittelklasseAudi A7, Buick Lucerne, Chrysler 300, Dodge Charger (LX), Ford Taurus, Holden Caprice, Holden Commodore, Honda AccordHonda Accord (USA), Nissan Maxima, Toyota Avalon, Toyota Crown, Chevrolet Impala, Nissan LaurelMid-size luxury carObere MittelklasseAudi A6, BMW 5er, Cadillac CTS, Chrysler 300C, Jaguar XF, Lexus GS, Lincoln LS, Mercedes-Benz E-Klasse, Volvo S80Full-size luxury carLuxury carOberklasseF: Luxusklasse (Luxury cars) Oberklasse (Executive car)OberklasseAudi A8, Bentley Continental Flying Spur, Bentley Mulsanne (2009)Bentley Mulsanne, Bentley Brooklands (2007)Bentley Brooklands, BMW F01BMW 7er, Cadillac DTS, Hyundai Equus, Jaguar X351, Lexus USF40Lexus LS, Lincoln Town Car, Maserati Quattroporte, Maybach 57 und 62, Mercedes-Benz S-Klasse, Porsche Panamera, Rolls-Royce Ghost, Rolls-Royce Phantom, SsangYong Chairman, Toyota Century, VW PhaetonVolkswagen PhaetonSports carSports carSportwagenS: Sportwagen (Sport coupes) -SportwagenChevrolet Corvette, Ferrari 458 Italia, Lamborghini Gallardo, Nissan 370Z, Porsche 911, Porsche BoxsterGrand tourerGrand tourer -Aston Martin Rapide, Bentley Continental GT, Bentley Azure (2006)Bentley Azure, Ferrari 612 Scaglietti, Jaguar XK, Maserati GranTurismo, Mercedes-Benz C 216Mercedes-Benz CL-Klasse, Mercedes-Benz SL-KlasseSupercarSupercar -Bugatti Veyron, Ferrari Enzo, Pagani ZondaConvertibleConvertible -Chevrolet Camaro, BMW 6er, Mercedes-Benz CLK-Klasse, Volvo C70, Volkswagen Eos, RoadsterRoadster Roadster sportsRoadsterAudi TT, Honda S2000, Lotus Elise, Mazda MX-5, Porsche Boxster, -Leisure activity vehicleMehrzweckfahrzeuge (oder MPV-Van)M: Mehrzweckfahrzeuge (oder MPV-Van) (Multi Purpose Cars) Kompaktvan (Small MPV)MinivanMinivan (MPV) (Hochdachkombi, Kleintransporter, Utilities) Citroën Berlingo, Fiat Ducato, Ford Tourneo Connect, Mercedes-Benz Sprinter, Opel Movano, Opel Combo, Peugeot Partner, Renault Kangoo, Škoda Roomster, VW CaddyVolkswagen Caddy, VW CrafterVolkswagen Crafter -Mini MPVMinivanOpel Meriva, Fiat Idea, Citroen C3 PicassoCompact minivanCompact MPV, Midi MPVKompaktvanMazda PremacyMazda5, Ford C-Max, Kia Carens, Opel Zafira, Peugeot 5008, Toyota Verso, VW TouranVolkswagen TouranMinivanLarge MPV Van (Large MPV)Van (Automobil)Großraum-VanChrysler Town and Country, Ford Galaxy, Honda Odyssey, Hyundai Trajet, Kia Carnival, Mitsubishi Grandis, Peugeot 807, Mercedes-Benz Baureihe 639Mercedes Viano (Baureihe 639)Mini SUVMini 4x4GeländewagenJ: Geländewagen (Sport Utility Vehicle - SUV) einschließlich Fahrzeuge mit Allradantrieb) Kleiner Geländewagen 4x4 (Small Off-Road 4x4)Sport utility vehicleOff-roader (SUV)Geländewagen (Sport Utility Vehicle) Daihatsu Terios, Fiat Sedici, Ford EcoSport, Honda HR-V, Jeep Wrangler, Lada Niva, Mini Countryman, Mitsubishi PajeroMitsubishi Pajero iO, Nissan Juke, Škoda Yeti, Suzuki JimnyCompact SUVCompact 4x4Audi Q5, Chevrolet Equinox, BMW X3, Dacia Duster, Ford Kuga, Honda CR-V, Hyundai ix35, Jeep Liberty, Mercedes-Benz X 204Mercedes-Benz GLK-Klasse, Mitsubishi ASX, Toyota RAV4, Opel Antara, VW TiguanVolkswagen Tiguan -Coupé SUV -Isuzu VehiCROSS, SsangYong Actyon, BMW X6Mid-size SUVLarge 4x4 Großer Geländewagen 4x4 (Large Off-Road 4x4)Chevrolet Tahoe, Ford Explorer, Jeep Grand Cherokee, Land Rover Discovery, VW TouaregVolkswagen TouaregFull-size (Large) SUVCadillac EscaladeCadillac Escalade EXT, Chevrolet Suburban, Jeep Commander, Range Rover, Toyota Land Cruiser, Mini pickup truckPick-up - PickupPickupPickup truckPickupPickup (Pritschenwagen)Chevrolet Montana, Fiat Strada, Mitsubishi Triton, VW SaveiroVolkswagen SaveiroMid-size pickup truckChevrolet Colorado, Ford

Ranger, Mitsubishi TritonMitsubishi Triton/L200, Nissan NavaraFull-size pickup truckDodge Ram, Ford F-150, GMC Sierra, Nissan Titan, Toyota TundraFull-size Heavy Duty pickup truckChevrolet Silverado, Ford Super DutyLight commercial vehicles Light commercial vehicles - - - Leichte Nutzfahrzeuge bis 3,5 t (Utilities) Citroën Berlingo, Praktik (Škoda)Škoda Praktik, VW CaddyVolkswagen CaddyKlassen von Limousinen und Kombis Unter den Limousinen und Kombis ist folgende Klassifikation in Europa üblich. Sie deckt sich weitgehend mit der den Fahrzeugsegmenten des KraftfahrtbundesamtKBA, diese enthält jedoch auch Sportwagen die der hier genannten Länge nicht entsprechen. Die Preise sind aktuelle Marktpreise in Deutschland, Ausreißer und Nischenmodelle werden hier nicht berücksichtigt. LeichtfahrzeugCity CarKleinstwagenKleinwagenKompaktklasseUntere MittelklasseMittelklasse (Auto)MittelklasseObere MittelklasseOberklasseKlassen von Großraumlimousinen Seit wenigen Jahren gibt es einen Trend zu höheren PKW. Sie bieten bei gleicher Grundfläche deutlich mehr Platz als entsprechende Limousine (Auto)Limousinen, da die Passagiere aufrechter sitzen. Dadurch lässt sich teilweise eine dritte Sitzreihe unterbringen. Daneben erleichtert die Höhe das Einsteigen. Die Sitzposition wird besonders von älteren Personen bevorzugt. Lange Tradition haben die Kleinbusse, die nicht vom PersonenkraftwagenPKW abgeleitet sind. Seit den 1980er Jahren gibt es die Van (Automobil)Vans mit sieben Sitzen und in den 1990er Jahren wurden die Hochdachkombis populär. Die Begriffe Microvan, Minivan und Kompaktvan sind jünger und noch nicht klar abgegrenzt. Sie orientieren sich an den entsprechenden Klassen der Limousinen, mit denen sie häufig die Plattform teilen. MicrovanMinivanHochdachkombiKompaktvanVan (Automobil)VanKleinbusKlassen von geländegängigen Fahrzeugen SoftroaderSports Utility Vehicle (SUV) GeländewagenCabrios Als Cabrios werden offene Fahrzeuge aller Preisklassen zusammengefasst. In den meisten Fällen existiert ein geschlossenes Pendant, wobei der Preis bauartbedingt höher ist als entsprechende Limousine. Eine spezielle Unterart ist der zweisitzige Roadster, ein offener Sportwagen. Sportwagen Sportwagen bezeichnet Zweisitzer in allen Preisklassen, vereinzelt auch mit zwei Sitzreihen oder Notsitzen, wenn sie entsprechende Fahreigenschaften aufweisen. Sie werden bei der Kraftfahrzeug-Zulassungsstatistik der Klasse der Limousinen und Kombis zugeordnet. In der Pannenstatistik und bei der Einteilung durch die Fachpresse werden diese Fahrzeuge einer eigenen Klasse zugeordnet. Unterklassen der Sportwagen: KompaktsportwagenSportcoupéSportlimousineSportwagenSupersportwagenEinzelnachweise Weblinks auto.de: Fahrzeugklasse wunschauto24.de: Fahrzeugklasse

Karosseriebauform

Die **Karosseriebauform**, auch *Karosseriebauart*, beschreibt den Konstruktionsaufbau einer Fahrzeugkarosserie. Eine Karosseriebauform kann in unterschiedlichen Größen und Fahrzeugklassen verwendet werden. Einige Bezeichnungen stammen noch aus der Zeit der Kutschen oder Pferdewagen. Nicht immer überlebten die ursprünglichen Merkmale einer bestimmten Kutschenform den Lauf der Jahre. So hat die Kutschenform *Coupé* mit den Coupé-Ausprägungen im modernen Automobilbau recht wenig zu tun.

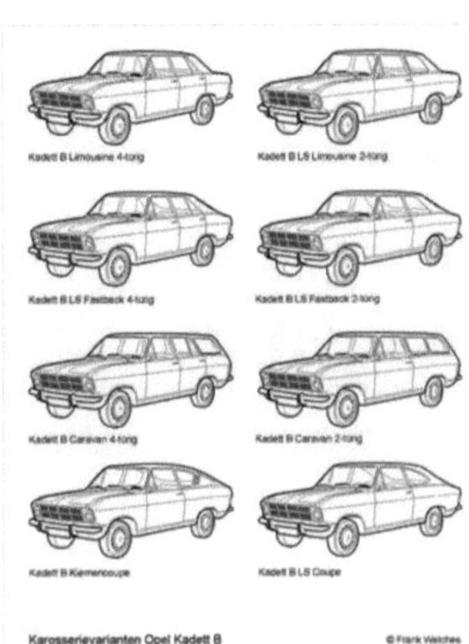

Übersichtsgrafik geschlossener Bauformen am Beispiel des Opel Kadett B

Einschlägige Normen zur Definition von Karosseriebauformen sind z.B. die Norm DIN 70011 und die ISO 3833. Diese weichen jedoch teils von den allgemein gebräuchlichen Bezeichnungen, die auch Verwendungsänderungen im Zeitverlauf (u.e. durch Marketing von Automobilherstellern) unterliegen, ab. Karosseriebauformen können beispielsweise wie folgt unterschieden werden:

Offene Bauformen

- Cabriolet
  - Roadster (zweisitzig, zweitürig)
  - Runabout
  - Kübelwagen (ursprünglich keine Türen)
  - Tourenwagen (auch: *Touring*)
  - Torpedo (auch: *Tourer*)
  - Baquet
  - Phaeton (Karosseriebauform)
  - Landaulet

Beispiele

Roadster

Cabrio

Kübelwagen

Landaulet

Geschlossene Bauformen

- Limousine (bis auf Kombis (s. u.) als Stufenheck oder Schrägheck ausgeführt)
- Coupé (2-türig, Kofferraumtür nicht mitgezählt)
- Kombi (vergrößertes Ladevolumen, Abschluss als Steilheck)

Beispiele

Limousine mit zwei Türen und Stufenheck

Limousine mit zwei Türen und Schrägheck

Limousine mit vier Türen und Stufenheck

Limousine mit vier Türen und Schrägheck sowie großer Heckklappe (auch Fünftürer genannt)

Coupé mit Schrägheck

Coupé mit Stufenheck

Kombi mit drei Türen

Kombi mit fünf Türen

Misch- und Sonderformen

Shooting Brake

Stretch-Limousine

Landaulet

Targa

Targa-/ Landaulet-Mischform

Cabrio Limousine

Coupé de Ville (auch Sedanca oder Town Car)

Literatur

- Hans-Hermann Braess, Ulrich Seiffert: *Vieweg Handbuch Kraftfahrzeugtechnik.* 2. Auflage, Friedrich Vieweg & Sohn Verlagsgesellschaft mbH, Braunschweig/Wiesbaden, 2001, ISBN 3-528-13114-4
- Jan Trommelmans: *Das Auto und seine Technik.* 1. Auflage, Motorbuchverlag, Stuttgart, 1992, ISBN 3-613-01288-X

Benz_18/45_PS

Benz	
Bild nicht vorhanden	
18/45 PS	
Hersteller:	Benz & Cie.
Produktionszeitraum:	1914–1921
Klasse:	Mittelklasse
Karosserieversionen:	Runabout, Limousine
Motoren:	4,7 l-R4, 45 PS (33 kW)
Länge:	4680 mm
Breite:	1720 mm
Höhe:	2180 mm
Radstand:	3400 mm
Leergewicht:	Fahrgestell: 1250 kg
Vorgängermodell:	Benz 25/45 PS Benz 16/40 PS
Nachfolgemodell:	Benz 16/50 PS

Der **Benz 18/45 PS** war der stärkere Nachfolger des Benz 16/40 PS.

Der Wagen war mit einem Vierzylinder-Reihenmotor mit 4710 cm³ Hubraum ausgestattet, der 45 PS (33 kW) bei 1650 min^{-1} entwickelte. Die Motorkraft wurde über eine Lederkonuskupplung an ein Vierganggetriebe weitergeleitet und von dort über eine Kardanwelle an die Hinterräder. Die Höchstgeschwindigkeit lag bei 75 km/h, der Benzinverbrauch bei 20 l / 100 km.

Die Fahrzeuge waren nach wie vor mit blattgefederten Starrachsen und Holz- oder Drahtspeichenrädern ausgestattet.

Quelle

Werner Oswald: *Mercedes-Benz Personenwagen 1886–1986*. 4. Auflage. Motorbuch Verlag Stuttgart (1987). ISBN 3-613-01133-6, S. 50–51

Benz_18_PS

Benz	
Bild nicht vorhanden	
18 PS	
Hersteller:	Benz & Cie.
Produktionszeitraum:	1905–1907
Klasse:	Untere Mittelklasse
Karosserieversionen:	Doppelphaeton, Limousine
Motoren:	3,2 l-R4, 18 PS (13,2 kW)
Länge:	3840–4125 mm
Breite:	
Höhe:	
Radstand:	2800–3080 mm
Leergewicht:	1350 kg
Vorgängermodell:	Benz Parsifal 22 PS
Nachfolgemodell:	Benz 10/18 PS

Der **Benz 18 PS** war eine Weiterentwicklung des Benz Parsifal 22 PS.

Der Wagen war mit einem Vierzylinder-Reihenmotor mit 3160 cm³ Hubraum ausgestattet, der 18 PS (13,2 kW) bei 1400 min^{-1} entwickelte. Die Motorkraft wurde über eine Lederkonuskupplung an ein Drei- oder Vierganggetriebe weitergeleitet und von dort je nach Wunsch des Kunden über Ketten oder eine Kardanwelle an die Hinterräder.

Das blattgefederte Fahrzeug mit Holzspeichenrädern und Luftreifen kostete als Doppelphaeton für ℳ 12.500,-- oder als Limousine für ℳ 14.500,--. Der Kettenantrieb kostete ℳ 1000,-- Aufpreis.

Quelle

Werner Oswald: *Mercedes-Benz Personenwagen 1886–1986*. 4. Auflage. Motorbuch Verlag Stuttgart (1987). ISBN 3-613-01133-6, S. 39

Benz_28/50_PS

Benz	
Bild nicht vorhanden	
50 PS / 50 PS Sport / 28/50 PS	
Hersteller:	Benz & Cie.
Produktionszeitraum:	1906–1910
Klasse:	Oberklasse
Karosserieversionen:	Doppelphaeton, Limousine, Landaulet
Motoren:	7,4 l-R4, 50 PS (37 kW) 8,0 l-R4, 50 PS (37 kW)
Länge:	
Breite:	
Höhe:	
Radstand:	3145–3245 mm
Leergewicht:	1700–1850 kg
Vorgängermodell:	keines
Nachfolgemodell:	Benz 25/55 PS

Der **Benz 50 PS** wurde dem Benz 35/40 PS als nächstgrößeres Modell 1906 zur Seite gestellt. Nur 1907 gab es ein noch etwas stärker motorisiertes Modell **Benz 50 PS Sport**. Ab 1909 wurde der Wagen als **Benz 28/50 PS** angeboten.

Der Wagen war mit einem Vierzylinder-Reihenmotor mit 7430 cm³ Hubraum ausgestattet, der 50 PS (37 kW) bei 1400 min^{-1} entwickelte. Die Motorkraft wurde über eine Lederkonuskupplung an ein Vierganggetriebe weitergeleitet und von dort je nach Wunsch des Kunden über Ketten oder eine Kardanwelle an die Hinterräder. Die Höchstgeschwindigkeit lag bei 90 km/h. Das Sportmodell hatte einen Motor mit 8016 cm³ Hubraum, der ebenfalls 50 PS (37 kW) abgab, allerdings erst bei 1500 min^{-1}. Dieser Wagen erreichte eine Höchstgeschwindigkeit von 115 km/h.

Das blattgefederte Fahrgestell mit Holzspeichenrädern und Luftreifen kostete ℳ 25.000,--.

Quelle

Werner Oswald: *Mercedes-Benz Personenwagen 1886–1986*. 4. Auflage. Motorbuch Verlag Stuttgart (1987). ISBN 3-613-01133-6, S. 41

Benz_35/60_PS

Benz	
Bild nicht vorhanden	
60 PS / 35/60 PS	
Hersteller:	Benz & Cie.
Produktionszeitraum:	1906–1910
Klasse:	Oberklasse
Karosserieversionen:	Doppelphaeton, Limousine, Landaulet
Motoren:	8,9 l-R4, 60 PS (44 kW) 9,25 l-R4, 60 PS (44 kW)
Länge:	
Breite:	
Höhe:	
Radstand:	3130–3350 mm
Leergewicht:	1750–1850 kg
Vorgängermodell:	keines
Nachfolgemodell:	Benz 29/60 PS

Der **Benz 60 PS** wurde dem Benz 50 PS als nächstgrößeres Modell zur Seite gestellt. Ab 1909 wurde der Wagen als **Benz 35/60 PS** angeboten.

Der Wagen war zunächst mit einem Vierzylinder-Reihenmotor mit 9240 cm³ Hubraum ausgestattet, der 60 PS (44 kW) bei 1350 min^{-1} entwickelte. Die Motorkraft wurde über eine Lederkonuskupplung an ein Vierganggetriebe weitergeleitet und von dort über Ketten an die Hinterräder. Die Höchstgeschwindigkeit lag bei 95 km/h. 1908 wurde der Hubraum bei gleichbleibender Leistung auf 8885 cm³ reduziert.

Das blattgefederte Fahrgestell mit Holzspeichenrädern und Luftreifen kostete ℳ 27.000,--.

Quelle

Werner Oswald: *Mercedes-Benz Personenwagen 1886–1986*. 4. Auflage. Motorbuch Verlag Stuttgart (1987). ISBN 3-613-01133-6, S. 41

Benz_37/70_PS

Benz	
Bild nicht vorhanden	
70 PS / 37/70 PS	
Hersteller:	Benz & Cie.
Produktionszeitraum:	1906–1909
Klasse:	Oberklasse
Karosserieversionen:	Doppelphaeton, Limousine, Landaulet
Motoren:	9,85 l-R4, 70 PS (51 kW)
Länge:	
Breite:	
Höhe:	
Radstand:	3350 mm
Leergewicht:	1850 kg
Vorgängermodell:	keines
Nachfolgemodell:	Benz 33/75 PS

Der **Benz 70 PS** wurde dem Benz 60 PS als größtes Modell zur Seite gestellt. 1909 wurde der Wagen als **Benz 37/70 PS** angeboten.

Der Wagen war mit einem Vierzylinder-Reihenmotor mit 9850 cm³ Hubraum ausgestattet, der 70 PS (51 kW) bei 1300 min^{-1} entwickelte. Die Motorkraft wurde über eine Lederkonuskupplung an ein Vierganggetriebe weitergeleitet und von dort über Ketten an die Hinterräder. Die Höchstgeschwindigkeit lag bei 100 km/h.

Das blattgefederte Fahrgestell mit Holzspeichenrädern und Luftreifen kostete ℳ 30.000,--.

Quelle

Werner Oswald: *Mercedes-Benz Personenwagen 1886–1986*. 4. Auflage. Motorbuch Verlag Stuttgart (1987). ISBN 3-613-01133-6, S. 41

Benz_6/14_PS

Benz	
Bild nicht vorhanden	
6/14 PS	
Hersteller:	Benz & Cie.
Produktionszeitraum:	1910
Klasse:	Untere Mittelklasse
Karosserieversionen:	Doppelphaeton, Landaulet
Motoren:	1,6 l-R4, 14 PS (10,3 kW)
Länge:	
Breite:	
Höhe:	
Radstand:	2550 mm
Leergewicht:	800–950 kg
Vorgängermodell:	keines
Nachfolgemodell:	keines

Der **Benz 6/14 PS** wurde 1910 als kleinster Benz gebaut.

Der Wagen war mit einem Vierzylinder-Reihenmotor mit 1570 cm³ Hubraum ausgestattet, der 14 PS (10,3 kW) bei 1500 min^{-1} entwickelte. Die Motorkraft wurde an über eine Lamellenkupplung an ein Dreiganggetriebe weitergeleitet und von dort über eine Kardanwelle an die Hinterräder..

Das mit blattgefederten Holzspeichenrädern und Luftreifen ausgestattete Fahrzeug kostete als Doppelphaeton ℳ 6000,-- und als Landaulet ℳ 7000,--.

Quelle

Werner Oswald: *Mercedes-Benz Personenwagen 1886–1986*. 4. Auflage. Motorbuch Verlag Stuttgart (1987). ISBN 3-613-01133-6, S. 46

Benz_6/18_PS

Benz 6/18 PS / 6/45 PS	
Hersteller:	Benz & Cie.
Produktionszeitraum:	1918–1923
Klasse:	Untere Mittelklasse
Karosserieversionen:	Zweisitzer, Dreisitzer
Vorgängermodell:	*keines*
Nachfolgemodell:	*keines*

Der **Benz 6/18 PS** erschien nach Ende des Ersten Weltkrieges als kleinstes Benz-Modell. 1921 wurde er durch das wesentlich stärkere Sportmodell **Benz 6/45 PS** ersetzt.

6/18 PS

6/18 PS	

Produktionszeitraum:	1918–1921
Karosserieversionen:	Zweisitzer, Dreisitzer
Motoren:	1,6 l-R4, 18 PS (13,2 kW)
Länge:	mm
Breite:	mm
Höhe:	mm
Radstand:	2545 mm
Leergewicht:	Fahrgestell: 820 kg

Der Wagen war mit einem Vierzylinder-Reihenmotor mit 1570 cm³ Hubraum ausgestattet, der 18 PS (13,2 kW) bei 2100 min^{-1} entwickelte. Die Motorkraft wurde an über eine Lederkonuskupplung an ein Drei- oder Vierganggetriebe weitergeleitet und von dort über eine Kardanwelle an die Hinterräder. Die Höchstgeschwindigkeit lag bei 85 km/h.

Das mit blattgefederten Holz- oder Drahtspeichenrädern und Luftreifen ausgestattete Fahrzeug war als zwei- oder dreisitziger, offener Wagen erhältlich.

6/45 PS

6/45 PS	
Bild nicht vorhanden	
Produktionszeitraum:	1921–1923
Karosserieversionen:	Zweisitzer
Motoren:	1,6 l-R4, 45 PS (33 kW)
Länge:	mm
Breite:	mm
Höhe:	mm
Radstand:	2545 mm
Leergewicht:	820 kg

1921 erschien ein wesentlich leistungsgesteigertes Sportmodell, dessen gleich großer Motor 45 PS (33 kW) bei 3200 min^{-1} abgab. Diese Wagen erreichten eine Höchstgeschwindigkeit von 115 km/h.

Quelle

Werner Oswald: *Mercedes-Benz Personenwagen 1886–1986*. 4. Auflage. Motorbuch Verlag Stuttgart (1987). ISBN 3-613-01133-6, S. 58–59

Benz_8/18_PS

Benz	
Bild nicht vorhanden	
8/18 PS	
Hersteller:	Benz & Cie.
Produktionszeitraum:	1910–1912
Klasse:	Untere Mittelklasse
Karosserieversionen:	Runabout, Limousine, Landaulet
Motoren:	2,0 l-R4, 18 PS (13,2 kW)
Länge:	3900 mm
Breite:	1500 mm
Höhe:	2050 mm
Radstand:	2850 mm
Leergewicht:	900–1100 kg
Vorgängermodell:	Benz 10/18 PS
Nachfolgemodell:	Benz 8/20 PS

Der **Benz 8/18 PS** war eine Weiterentwicklung des Benz 10/18 PS.

Der Wagen war mit einem Vierzylinder-Reihenmotor mit 1950 cm³ Hubraum ausgestattet, der 18 PS (13,2 kW) bei 1800 min^{-1} entwickelte. Die Motorkraft wurde an über eine Lederkonuskupplung an ein Vierganggetriebe weitergeleitet und von dort über eine Kardanwelle an die Hinterräder. Die Höchstgeschwindigkeit lag bei 62 km/h, der Benzinverbrauch bei 14–15 l / 100 km.

Das blattgefederte Fahrzeug mit Holzspeichenrädern und Luftreifen kostete als Fahrgestell ohne Aufbau ℳ 6200,--, als Runabout ℳ 7200,--, als Limousine ℳ 8500,-- und als Landaulet den gleichen Preis..

Quelle

Werner Oswald: *Mercedes-Benz Personenwagen 1886–1986*. 4. Auflage. Motorbuch Verlag Stuttgart (1987). ISBN 3-613-01133-6, S. 48–49

Kraftfahrzeug

Als **Kraftfahrzeug** (Abkürzung: *KFZ* oder *Kfz*), in der Schweiz **Motorfahrzeug**, bezeichnet man ein maschinell angetriebenes, nicht an Schienen gebundenes Landfahrzeug. Wie bei allen Straßenfahrzeugen wird dessen Spurführung nur durch Reibung auf ebener oder unebener Fläche erreicht. Schienenfahrzeuge werden trotz des motorischen Antriebs nicht zu den Kraftfahrzeugen gezählt.[1]

Liste der Kraftfahrzeuge

Zu den Kraftfahrzeugen zählen u. a. (in Klammern jeweils die entspr. Abkürzungen):

- Motorräder (Krad) in den straßenverkehrsrechtlichen Kategorien
  - Kraftrad
  - Kleinkrafträder
  - Leichtkrafträder / Motorroller
  - Motorfahrräder (Mofas) (auch Fahrräder mit Hilfsmotor und Elektromotorroller)
- Personenkraftwagen (PKW) → Automobile aller Antriebsarten
  - Rollermobil / Piaggio Ape / Mopedauto / Leichtfahrzeug
  - Autorikscha / Tuk-Tuk
  - Voiturette
  - Quad / All Terrain Vehicle
- Nutzfahrzeug (Nfz) / Nutzkraftwagen (NKW)
  - Lastkraftwagen (LKW) (auch Oberleitungslastkraftwagen)
  - Kraftomnibusse (KOM) (auch Oberleitungsbusse und Spurbusse)
  - Zugmaschinen
  - Sonder-Nfz
    - Abschleppwagen
    - Einachsschlepper
    - Fahrzeuge der Feuerwehr (z. B. Drehleiter, Tanklöschfahrzeug etc.)
    - Fahrzeuge des Katastrophenschutzes (z. B. Gerätekraftwagen, Arzttruppkraftwagen etc.)
    - landgebundene Rettungsmittel (z. B. Krankentransportwagen, Rettungswagen, Notarztwagen etc.)
    - Kommunalfahrzeuge (z. B. Müllfahrzeuge, Straßenkehrmaschinen, Kanalreinigungsmaschinen)
    - Traktoren
- Sonder-Kfz
  - Amphibienfahrzeuge an Land
  - Elektrokarren
  - Fahrzeugkrane
  - Flurförderzeuge (Hubwagen, Gabelstapler usw.)
  - Golfplatzfahrzeug / Golfmobil / Golfcart / Golfcaddy
  - Halbkettenfahrzeuge aller Art (werden in vielen Fällen zu den Zugmaschinen gerechnet)
  - Kettenfahrzeuge aller Art (z. B. Panzer, Pistenraupen, Schneemobile)
  - motorbetriebene Rollstühle
  - Flugzeugschlepper
  - selbstfahrende Arbeitsmaschinen (sfAM) / Baumaschinen, sofern nicht schienengebunden
  - Pferdetransporter
  - Solarfahrzeug
  - Wohnmobile

* Zweiwegefahrzeuge

Internationale Klassifizierung

Für eine genauere Spezifikation wurden Kraftfahrzeuge nach der EG-Richtlinie 70/156/EWG in Fahrzeugklassen eingeteilt:

* **L**
  * **L1** Einspurige Kleinkrafträder
  * **L2** Mehrspurige Kleinkrafträder
  * **L3** Motorräder
  * **L4** Motorräder mit Beiwagen
  * **L5** Motordreiräder
* **M** Kraftfahrzeuge für Personenbeförderung mit mindestens vier Rädern
  * **M1** Fahrzeuge mit maximal 8 Sitzplätzen (außer dem Fahrersitz)
  * **M2** Fahrzeuge mit mehr als 8 Sitzplätzen unter 5 Tonnen
  * **M3** Fahrzeuge mit mehr als 8 Sitzplätzen über 5 Tonnen
* **N** Kraftfahrzeuge für Güterbeförderung mit mindestens vier Rädern
  * **N1** Fahrzeuge mit einem zulässigen Gesamtgewicht bis zu 3,5 t.
  * **N2** Fahrzeuge mit einem zulässigen Gesamtgewicht bis zu 12 t.
  * **N3** Fahrzeuge mit einem zulässigen Gesamtgewicht über 12 t.
* **O** Anhänger einschließlich Sattelanhänger
  * **O1** Anhänger bis 750 kg (leichte Anhänger)
  * **O2** Anhänger bis 3,5 t
  * **O3** Anhänger bis 10 t
  * **O4** Anhänger über 10 t

Technik

Das Kraftfahrzeug besteht aus einer Vielzahl von Teilen, die in Aggregaten und selbstständigen Baugruppen zusammengefasst sind. Das mittelbare und unmittelbare Zusammenspiel aller Teile gewährleistet die ordnungsgemäße Funktion des Automobils. Zu den Hauptbaugruppen zählen:

* Motor
* Kraftübertragung
* Fahrwerk
* Karosserie oder auch Aufbau genannt
* Fahrzeugelektrik/-elektronik

Motor

Motoren sind Maschinen, die durch Energieumwandlung mechanische Antriebskraft erzeugen. Im Automobilbau werden momentan vorrangig Verbrennungsmotoren eingesetzt. Jedoch sind alternative Antriebskonzepte auf dem Vormarsch.

Die Unterteilung der Verbrennungsmotoren erfolgt nach mehreren Gesichtspunkten:

- nach der Bauform
  - Hubkolbenmotor
  - Kreiskolbenmotor, (auch Wankel- oder Drehkolbenmotor genannt)
  - Gasturbine
  - Dampfmaschine
- nach dem verwendeten Energieträger (Kraftstoff)
  - Ottomotor (Benzinmotor)
  - Dieselmotor
  - Vielstoffmotor
  - Holzgas
- nach dem Wirkprinzip
  - Zweitakt
  - Viertakt

Auto mit Holzvergaser

Nachdem benzin- und dieselbetriebene Fahrzeuge lange Zeit die Automobiltechnik beherrschten, lassen gestiegenes Umweltbewusstsein und die Verteuerung, sowie absehbare Verringerung der Verfügbarkeit von mineralölbasierten Kraftstoffen auch alternative Kraftstoffe sowie alternative Antriebskonzepte wieder in das Blickfeld von Automobilentwicklern und -produzenten rücken.

Alternative Kraftstoffe können sein:

- Kraftstoffe biogenen Ursprungs (Bioethanol, Biodiesel 1. und 2. Generation)
- Autogas (schon lange im Gebrauch, rückt wieder vermehrt in den Fokus)
- Erdgas
- Wasserstoff
- Methan oder Methanol

Alternative Antriebstechniken werden realisiert durch eine Elektrifizierung des Antriebsstrangs unterschiedlichen Ausmaßes und unterschiedlicher Ausprägung.

Als Beispiele seien genannt:

- der Elektroantrieb (hier ist noch zu unterscheiden zwischen unterschiedlichen Energieträgern und deren Speicherung)
- der Hybridantrieb (auch hier sind unterschiedliche Primärenergieträger denkbar, wie Benzin und neuerdings Diesel)

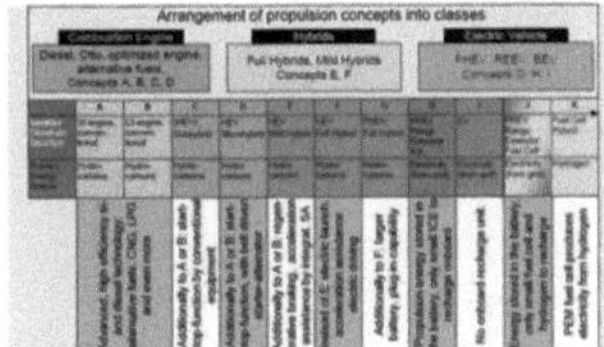

Schematische Einteilung von alternativen Antrieben mit unterschiedlicher Ausprägung des elektrischen Anteils

Kraftübertragung

Die Kraftübertragung beinhaltet alle Baugruppen, die im Antriebsstrang zwischen dem Motor und den Antriebsrädern angeordnet sind. Hauptaufgaben der Kraftübertragung sind die Weiterleitung, Verteilung und Regelung des Drehmoments und der Drehzahl.

Zur Kraftübertragung gehört:

- Kupplung
- Fahrzeuggetriebe
- Verteilergetriebe
- Gelenkwelle oder Kette
- Ausgleichgetriebe, auch als Differentialgetriebe oder Differential bezeichnet

Fahrwerk

Als Fahrwerk versteht man die Teile des Fahrzeuges, die der Kraftübertragung vom Fahrzeugaufbau zur Straße dienen und die das Fahrverhalten eines Fahrzeuges bestimmen bzw. beeinflussen.

Die allermeisten Fahrzeuge werden Mittels Rädern fortbewegt. Für Fahrzeuge, die auch im schweren Gelände bewegt werden sollen, wie bestimmte Bagger oder Kampfpanzer werden Kettenantriebe eingesetzt. Daneben gibt es exotische Fahrwerke wie den Schneckenantrieb des russischen ZiL-29061[2] oder Fahrzeuge mit mechanischen Beinen wie den Mondospider[3] oder die plumpe Walking Machine.[4]

Zum Fahrwerk zählen:

- Bremsanlage
- Federung und Dämpfung
- Lenkung
- Radaufhängung
- Räder und Bereifung

Das Fahrwerk dient in seiner Gesamtheit dazu, das Kraftfahrzeug fahrbar zu machen. Neben der Möglichkeit die Fahrtrichtung zu ändern, muss das Fahrwerk auch auf unebenen Strecken den stetigen Kontakt zur Fahrbahn halten, um so Kräfte zu übertragen.

Zurzeit wird in PKW meist und bei Bussen häufig eine Einzelradaufhängung verwendet. Bei Geländewagen und LKW kommen nach wie vor auch Starrachsen zur Anwendung. Dort kommt vereinzelt auch noch die Blattfeder als Federelement zum Einsatz, während sonst Drehstab- und Schraubenfedern dominieren. Insbesondere bei Bussen und bei den LKW wird jedoch vermehrt auch die Luftfederung angewendet, die eine einfache Anpassung an die Beladung ermöglicht. Beim PKW ist die Luftfederung aus Kostengründen bislang der Oberklasse vorbehalten. Das Konzept der modernen Luftfederung wurde bereits Anfang der 1950er Jahre von Citroën als Hydropneumatik erfunden.

Karosserie

Als Karosserie bezeichnet man den Aufbau und die Verkleidung des Kraftfahrzeugs.

Man unterscheidet drei verschiedene Bauformen:

- Rahmenbauweise
- selbsttragende Bauweise
- mittragende Bauweise

Bei der **Rahmenbauweise** bilden Karosserie und Rahmen eine eigene Einheit und werden elastisch miteinander verbunden. Diese Bauweise wird vorrangig im LKW-Bau eingesetzt. Bei der **selbsttragenden Bauweise** übernimmt eine versteifte Bodengruppe die Funktion des Rahmens. Der gesamte Aufbau bildet eine Einheit. Diese Bauweise wird vorrangig im PKW-Bau eingesetzt. Bei der **mittragenden Bauweise** ist der Rahmen mit der Karosserie über Schweiß- oder Schraubverbindungen fest verbunden.

Fahrzeugelektrik/-elektronik

Zur elektrischen Anlage des Kraftfahrzeugs gehören alle spannungführenden Bauteile. Das sind:

- Zündanlage
- Generator
- Fahrzeugbatterie
- Starter
- Bordnetz
- Beleuchtungseinrichtung
- Motorsteuerung
- sonstige elektrische Einrichtungen
    - Fahrtrichtungsanzeiger
    - Signalhörner
    - Vorglühanlage
    - Anzeigeinstrumente und Kontrollleuchten
    - Airbagsysteme
    - Zentralverriegelung
    - Wegfahrsperren
    - Diebstahl-Warnanlagen
    - Klimaanlage
    - Komfortsysteme
    - Nachtsicht-Assistent
    - Fahrerassistenzsystem

Umweltschutz, Landschaftsschutz

Die Kraftfahrzeuge im Straßenverkehr sind der Hauptgrund für Straßenbau mit allen ihren Folgen (Flächenversiegelung, Abholzung etc.). Da es sich in der überwiegenden Mehrzahl um Fahrzeuge handelt, die mit Verbrennungsmotoren (genauer: mit der durch Verbrennungsmotoren erzeugten Kraft) angetrieben werden, ist das Kfz einer der Verursacher von Luftverschmutzung. Unter dem Gesichtspunkt des Umweltschutzes lassen sich Energiesparautos von den üblichen Kraftfahrzeugen unterscheiden, siehe 3-Liter-Auto. Dies ist besonders wichtig im Hinblick auf den Ausstoß von Kohlendioxid, das den Treibhauseffekt erzeugt.

Bestand an Personenkraftwagen nach Kraftstoffarten

Deutschland

Kraftstoffart	1.1.2005	1.1.2006	1.1.2007	1.1.2008	1.1.2009	1.1.2010	1.1.2011
Benzin	36.264.661	35.918.697	35.594.333	30.905.204	30.639.015	30.449.617	30.487.578
Diesel	9.071.611	10.091.290	10.819.760	10.045.903	10.290.288	10.817.769	11.266.644
Flüssiggas (LPG) (einschl. bivalent)	13.051	40.595	98.370	162.041	306.402	369.430	418.659
Erdgas (CNG) (einschl. bivalent)	21.571	30.554	42.759	50.614	60.744	68.515	71.519
Elektro	4.443	2.931	1.790	1.436	1.452	1.588	2.307
Hybrid	2.150	5.971	11.275	17.307	22.330	28.862	37.256
sonstige Kraftstoffarten	444	1.265	1.370	1.089	940	1.846 [5]	17.600 [6]
Gesamt Pkw [7] [8]	45.375.526	46.090.303	46.569.657	41.183.594	41.321.171	41.737.627	42.301.563

Ab 1. Januar 2008 nur noch angemeldete Fahrzeuge ohne vorübergehende Stilllegungen/Außerbetriebsetzungen.

Österreich

Kraftstoffart	2003	2004	2005	2006	2007	2008	2009	2010
Benzin (inkl. Benzin/Ethanol E85)	2.168.945	2.087.180	2.127.533	1.983.337	1.960.380	1.957.751	1.972.352	1.988.079
Diesel	1.885.228	2.021.743	2.127.533	2.220.804	2.283.302	2.323.016	2.381.906	2.445.506
Elektro	135	128	127	127	131	146	223	353
Flüssiggas (inkl. bivalent)		78	131	707	1.770	33	57	88
Erdgas (inkl. bivalent)						1.381	1.847	2.209
Hybrid						2.592	3.559	4.792
Gesamt Pkw [9]	4.054.308	4.109.129	4.156.743	4.204.969	4.245.583	4.284.919	4.359.944	4.441.027

Fahrerlaubnis

Die Nutzung eines Kraftfahrzeugs auf öffentlichem Grund setzt in fast allen Ländern der Welt den Besitz einer Fahrerlaubnis voraus, die mit Auflagen und Beschränkungen versehen werden kann. Ein Führerschein dokumentiert diese Erlaubnis.

Besteuerung

Im Zusammenhang mit Kraftfahrzeugen werden einige Steuern erhoben. Neben dem Zweck der Geldbeschaffung setzen Staaten dieses Instrument auch zur Verminderung der durch Kraftfahrzeuge verursachten Umweltschäden ein. Neben der verbrauchsabhängigen Mineralölsteuer gibt es die zeitbezogene Kraftfahrzeugsteuer und (seltener, z. B. in Dänemark) eine Zulassungssteuer. In Österreich gibt es auch die Normverbrauchsabgabe (NoVA), die bei der erstmaligen Zulassung eines Fahrzeugs im Land zu entrichten ist.

Forschungseinrichtungen zum Thema Kraftfahrzeug

- Forschungsinstitut für Kraftfahrwesen und Fahrzeugmotoren Stuttgart
- Institut für Kraftfahrzeuge Aachen (ika) der RWTH Aachen
- Fachgebiet Fahrzeugtechnik der Technischen Universität Darmstadt
- Institut für Land- und Seeverkehr, Fachgebiet Kraftfahrzeuge der TU Berlin (ILS Kraftfahrzeuge)
- Ingenieurgesellschaft Auto und Verkehr (IAV GmbH), Berlin
- FEV Motorentechnik GmbH, Aachen
- AVL List GmbH, Graz

Einzelnachweise

[1] deutsches Straßenverkehrsgesetz, österreichische Straßenverkehrsordnung (§ 2), Schweizer Strassenverkehrsgesetz (Art. 7)
[2] http://www.youtube.com/watch?v=afJ18eJeNgU&NR=1
[3] Mondospider auf dem Burning Man Festival: http://www.youtube.com/watch?v=or_pS7c3Q_U
[4] Die Walking Machine auf dem Burning Man Festival: http://www.youtube.com/watch?v=al-CxNrLo6k&feature=related
[5] berechnet
[6] berechnet
[7] Quelle: KBA; PDF-Datei (https://www.kbashop.de/wcsstore/KBA/Attachment/Kostenlose_Produkte/b_emissionen_kraftstoffe_2009.pdf)
[8] Quelle: KBA; Webseite (http://www.kba.de/nn_269000/DE/Statistik/Fahrzeuge/Bestand/EmissionenKraftstoffe/b__emi__z__teil__2.html)
[9] Quelle: Statistik Austria; Kraftfahrzeuge - Bestand Österreich 2005-2010 (http://www.statistik.at/web_de/statistiken/verkehr/strasse/kraftfahrzeuge_-_bestand/index.html)

Siehe auch

- Portal:Auto und Motorrad,
- Themenliste Fahrzeugtechnik,
- Wirtschaftszahlen zum Automobil,
- Automobil,
- Fahrzeugkoordinatensystem,
- Kraftfahrzeuganpassung für körperbehinderte Menschen,
- Kraftfahrzeugtechnik,
- Kraftverkehr,
- Straßenverkehr,
- Verkehrsmittel,

Weblinks

- Technische Daten zu verschiedenen Kraftfahrzeugen (http://auto-kraftfahrzeug.de/)
- Entwicklungsgeschichte des ersten Automobils (http://web.archive.org/web/20080218104749/http://www.mannheim.de/io2/printView/webseiten/wirtschaft/innovationen/benz/benz_de.xdoc)

Leichtfahrzeug

Ein **Leichtfahrzeug** ist ein mehrspuriges (zumeist) motorisiertes Fahrzeug, welches in Gewicht und Maßen gegenüber einem klassischen Automobil deutlich reduziert ist. Auch die Bezeichnungen *Leichtmobil* und *Kleinfahrzeug* sowie *Mopedauto* werden verwendet. Es nimmt dadurch in ruhendem und fließendem Verkehr und im Stau weniger Platz ein. Das Leichtfahrzeug schließt die Lücke zwischen Motorrad und dem herkömmlichen Pkw. Dementsprechend nehmen Leichtfahrzeuge im Regelfall eine oder zwei Personen auf.

Leichtfahrzeug *Arola 20* des ehemaligen französischen Herstellers Arola SARL

Diese Fahrzeuge können in Österreich mit dem Mopedschein mit der Eintragung *vierrädriges Leichtkraftfahrzeug* bewegt werden.

In Deutschland kann von der Führerscheinstelle ein vor 1989 erworbener Mopedführerschein in die Führerscheinklasse S geändert werden. Hier sind die Fahrzeuge von der Haupt- und Abgasuntersuchung und auch zulassungsbefreit, das heißt, es muss keine Kfz-Steuer für die Haltung entrichtet werden. Zur Inbetriebnahme des Fahrzeugs im öffentlichen Straßenverkehr ist ein Versicherungskennzeichen erforderlich.

Die Fahrzeug-Zulassungsverordnung (FZV) definiert **vierrädrige Leichtkraftfahrzeuge** als "vierrädrige Kraftfahrzeuge mit einer Leermasse von nicht mehr als 350 kg, ohne Masse der Batterien bei Elektrofahrzeugen, mit einer bauartbedingten Höchstgeschwindigkeit von nicht mehr als 45 km/h, mit Fremdzündungsmotor, dessen Hubraum nicht mehr als 50 cm³ beträgt oder mit einem anderen Verbrennungsmotor oder Elektromotor, dessen maximale Nennleistung nicht mehr als 4 kW beträgt".

Geschichte und aktuelle Entwicklung

Leichtfahrzeuge sind keine neue Erscheinung, sondern gewissermaßen eine Rückkehr zu den "Rollermobilen" und Kleinfahrzeugen der 1950er Jahre. Damaliger Grund für die Popularität war die preisgünstige Möglichkeit für fast jedermann, ein überdachtes Fahrzeug zu besitzen. In den 1970er und 1980er Jahren wurden mit der zunehmenden Verbreitung des Automobils diese Fahrzeuge weitgehend aus dem Straßenbild verdrängt. Da ihre Nutzung aufgrund einer Gesetzeslücke für Inhaber bestimmter Mopedführerscheine zulässig war, verschwanden sie jedoch nicht ganz.

Würde heute als Leichtfahrzeug bezeichnet: Messerschmitt Kabinenroller

Die Intention heutiger Entwicklungen liegt mehr in der Lösung aktueller Verkehrsprobleme. Die derzeitige geringe Nachfrage und Marktaufteilung stellt Leichtfahrzeuge eindeutig als Nischenfahrzeuge dar. Die Marktsegmente von Fahrrad, Motorrad und Auto sind klar aufgeteilt und haben ihre jeweilige Anhängerschaft, neue Hybride zwischen diesen Fahrzeugen haben es schwer, die notwendige Verbreitung zu erlangen, selbst wenn hohe Aufmerksamkeit erzielt wird. Ein Beispiel dafür war der teilweise Misserfolg des BMW C1 am Markt. Auch die derzeit geringe Verbreitung von Velomobilen und Elektroautos ist, neben technischen Problemen und hohen Kosten, zum Teil darauf zurückzuführen.

Bereits angebotene Fahrzeuge orientieren sich im Erscheinungsbild und Räderzahl zur Zeit im Wesentlichen am klassischen Auto.

Die größten Hersteller sind Aixam, Ligier, Microcar, Chatenet und JDM. In Europa sind die Leichtkraftfahrzeuge am häufigsten in Frankreich, Spanien, Italien, Portugal, Österreich und in den Niederlanden vertreten.

Fahrerlaubnis

Leichtkraftfahrzeuge

Seit dem 1. Februar 2005 dürfen in Deutschland Jugendliche ab 16 Jahren, die im Besitz des Führerscheins **Klasse S** sind, Leichtkraftfahrzeuge lenken. Bezüglich der Geschwindigkeit kommt dies einer Einordnung in die Klasse der Kleinkrafträder gleich. Dieser Führerschein hat jedoch bei Politikern, Verkehrsexperten und Eltern viele Fragen aufgeworfen und ist umstritten.

Im Unterschied zu anderen Kleinwagen und Kleinstwagen kann der Wagen in manchen Ländern ohne PKW-Führerschein mit einem Moped-Führerschein gefahren werden.

Oft sind die Leichtkraftfahrzeuge die beste Möglichkeit für Ältere oder Gehbehinderte, mobil zu bleiben. Zudem sind sie eine preiswerte Alternative, da weder Haupt- noch Abgasuntersuchung erforderlich sind, keine Kfz-Steuer gezahlt werden muss und im Vergleich zu stärkeren Kfz geringe Versicherungskosten anfallen.[1]

Andere Leichtfahrzeuge

Je nach Konstruktion und Antriebsart ist bei anderen Leichtfahrzeugen kein Führerschein erforderlich (z. B. Alleweder-E) oder sogar ein PKW-Führerschein **Klasse B** (z. B. Twike).

Sicherheit

Ein Argument gegen Leichtfahrzeuge ist deren geringere passive Sicherheit gegenüber dem Auto, wobei optimal konstruierte Leichtfahrzeuge vergleichbar mit gewöhnlichen Autos sind [2] . Im Vergleich zu Zweirädern ergibt sich jedoch eine Erhöhung der Sicherheit. Zudem ist die äußere Sicherheit gegenüber anderen Verkehrsteilnehmern höher als beim Auto.

Es existiert die Befürchtung, dass die Anzahl der am motorisierten Straßenverkehr teilnehmenden Jugendlichen sich mit mehrspurigen Fahrzeugen erhöhen wird und sich dies sich in steigenden Unfallzahlen bemerkbar machen wird. Die Auswirkungen der frühen Gewöhnung Jugendlicher an den Straßenverkehr mit geringeren Geschwindigkeiten auf die Unfallstatistik können erst nachträglich ermittelt werden. Während geringere Geschwindigkeiten generell ein Sicherheitsgewinn darstellen, führen große Geschwindigkeitsunterschiede im selben Straßenraum zu mehr Unfällen.

In einer Studie der Unfallforschung der Versicherer (UDV) zu Benzin-Lkfz wird ihre Sicherheit mit Skepsis betrachtet und in Frage gestellt. [3] Dagegen haben Untersuchungen von Leichtelektromobilen im Vergleich zu Autos auf ein kleineres Sicherheitsrisiko im Stadtverkehr hingewiesen, dies wegen einer messbar ruhigeren Fahrweise .[4] Beides kann richtig sein, da verschiedene Benutzergruppen ganz unterschiedliche Fahrweisen aufweisen können: einerseits Leute, die ihren Auto-Führerausweis auf Grund von Vergehen verloren haben, andererseits "Öko-Pioniere"; einerseits Junge, die noch nicht Auto fahren dürfen, andererseits Alte, die nicht mehr möchten. Auf jeden Fall sind die Prämien für Lkfz-Haftpflichtversicherungen generell tiefer als für schnellere und schwerere Fahrzeuge.

Vor- und Nachteile der Leichtkraftwagen

- Auch für Personen geeignet, die keinen regulären Führerschein gemacht haben.
- Deutliche Vorteile bezüglich Komfort im Vergleich zu einem Motorrad oder Moped
- Heutige Modelle sind auch im Sicherheitsbereich sehr ausgereift. Es gibt heute serienmäßig Gurtstraffer und kraftabsorbierende Fahrzeugträger, und gegen Aufpreis sind auch schon Airbags erhältlich.
- Es gibt heute für einige Modelle auch schon Klimaanlagen, Autoradios und Holzeinlagen.
- Die Fahrwerke sind heutzutage bereits vollständig entwickelt und bieten daher auch auf Schnee und Eis ein ausgezeichnetes Fahrverhalten, das aufgrund der günstigen Gewichtsverteilung vielen herkömmlichen PKW-Modellen überlegen ist.
- Dank moderner Einspritzsysteme ist der Kraftstoffverbrauch stark gesunken, wodurch heute Leichtkraftwagen zu den sparsamsten und umweltschonendsten Fahrzeugen mit Verbrennungsmotor überhaupt zählen. Noch sparsamer ist der Elektroantrieb bei vielen erhältlichen Modellen, und dort ist ein Batteriesatz wesentlich günstiger als der eines schweren Elektroautos.

- Für einige Verwendungszwecke zu geringes Platzangebot.
- Die reguläre Geschwindigkeit ist sehr stark begrenzt worden.
- Die Kraftfahrzeugversicherung ist in manchen Fällen relativ hoch.

Quads

Quads sind aus dem Motorrad heraus entwickelte vierrädrige Fahrzeuge (quad = vier). Sie sind meist sehr geländegängig und mitunter stark motorisiert. Sie dienen vorwiegend als Offroad-Freizeitfahrzeuge.

Die Vorläuferfahrzeuge mit Kugelbereifung und zwei bis acht Rädern waren vor allem im militärischen Bereich angesiedelt. Auf deutscher Seite ist das KRAKA zu nennen.

Leichtelektromobile

Als **Leichtelektromobil** (LEM) wird ein batteriebetriebenes Fahrzeug in Leichtbauweise bezeichnet, welches in seiner Bauart zwischen einem Elektrorad und einem Elektromobil bzw. Elektroauto steht.

Nachdem um 1900 Elektromobile im Vergleich zu den mit Verbrennungsmotor angetriebenen Automobilen durchaus konkurrenzfähig waren, gab es erst nach der Ölkrise wieder Bestrebungen, Elektrofahrzeuge zu entwickeln. Ein grundlegendes Problem der Elektrofahrzeuge liegt in dem geringen Energieinhalt des Energiespeichers (Akku). Um diesen Mangel auszugleichen und befriedigende Reichweiten zu erhalten, muss der Energieverbrauch eines Elektrofahrzeugs sehr gering gehalten werden. Dies wird, wie auch der Name schon sagt, durch konsequenten Leichtbau erreicht. Leichtelektromobile sind zumeist relativ klein (1 bis 1,2 m x 2 bis 3 m), nur ein- bis zweisitzig, haben eine Kunststoffkarosserie, schmale Reifen und bevorzugt drei Räder.

Viele Konzepte von Leichtelektromobilen kamen aus einem Versuchsstadium oder Kleinserien nie heraus (SAM, Voltaire, Hotzenblitz). Kommerziell erfolgreich waren nur die Firmen Kewet Buddy, Twike, Citycom mit dem CityEL (ehemals: el Trans) und Lohmeyer-Leichtfahrzeuge mit dem Alleweder-E. Jedoch konnte die Technologie auch auf zweirädrigre Fahrzeuge übertragen werden, die von vielen Herstellern in größeren Stückzahlen verkauft werden, jedoch immer noch sehr viel weniger als benzinbetriebene Fahrzeuge. Eine Sonderform ist das Segway mit zwei nebeneinander angeordneten Rädern.

Als Traktionsbatterien kamen in der Anfangszeit meist Bleiakkumulatoren oder Nickel-Cadmium-Akkus zum Einsatz. Heute werden auch Lithium-Ionen-Akkumulatoren, zumeist Lithium-Eisenphosphat-Akkus eingesetzt. Typischerweise reichte der Energiegehalt der Akkus für den Betrieb mit einer Stunde Höchstgeschwindigkeit, so dass die Reichweiten der Leichtelektromobile bei maximal 50 bis 80 km liegen. Die neuen Akkuentwicklungen ermöglichen bei einem Umbau trotz geringerem Gewicht deutlich höhere Fahrleistungen. So wurde ein Hotzenblitz mit LiPo-Akkus der Firma Kokam ausgerüstet und erreicht >350km Reichweite.[5]

Eine Form der Leichtelektromobile sind Fahrzeuge für Gehbehinderte, die das Zufußgehen und Fahrradfahren ersetzen. Eine Sonderform ist auch das Segway mit zwei nebeneinander angeordneten Rädern.

Experimentalfahrzeuge und Konzeptautos

Mit die spektakulärsten Vertreter und auch aus technologischer Sicht besonders interessante Ableger sind die auf engl. sogenannten Tilting Three Wheelers (TTW), sich neigende dreirädrige Fahrzeuge.

Sogar Mercedes-Benz hat bereits 1997 ein solches Konzeptauto vorgestellt, den Mercedes F 300 Life-Jet. Hierbei handelt es sich um ein Trike, das sich in Kurven neigt. Es fährt auf Motorradreifen und bietet Fahrleistungen, die zwischen einem PKW und einem Motorrad liegen. Das Hardtop ist abnehmbar. In der Reihe sind weitere Experimentalfahrzeuge entstanden, die aber nicht alle in die Kategorie Leichtfahrzeuge fallen.

Der Shell-Konzern startet jedes Jahr einen Eco-Marathon, in dem Fahrzeuge mit einem Liter Benzin möglichst weit fahren sollen. Die Fahrzeuge sind alle Experimentalfahrzeuge, die mit Benzin, Wasserstoff, Solar oder Diesel betrieben werden. Der Verbrauch wird auf einen Liter Benzin umgerechnet. Der Sieger des Jahres 2005 kam mit einem Liter 3836 km weit. Das entspricht 0,00026 l/km bzw. 0,026 l/100 km. Dies wurde mit einem wasserstoffbetriebenen Fahrzeug der Schweizer ETH Zürich erreicht. Das beste dieselbetriebene Fahrzeug errang Platz 11 in der Gesamtwertung und erreichte 1807 km/l mit einem 4,2 PS starken Triebwerk. Das Fahrzeug wurde von der FH Offenburg ins Rennen geschickt.

HPV (Human powered vehicles) / Velomobile

Am radikalsten wird der Leichtbau bei mit Muskelkraft angetriebenen Fahrzeugen (Velomobile) vorangetrieben. Neben reinen Muskelkraft-Konzepten gibt es auch kombinierte Antriebe, wobei unterstützend ein Elektroantrieb zum Einsatz kommt (z. B. Aerorider, TWIKE).

Heutige Hersteller von Leichtfahrzeugen

- Aixam
- Automobiles Ligier
- Bellier
- Casalini
- Chatenet
- Effedi (Maranello)
- Fine Mobile GmbH (Twike)
- Grecav
- Italcar (vormals Tasso)
- Elbil Norge AS (Kewet Buddy)
- Microcar
- Piaggio
- Renault (Twizy)
- Secma
- Simpa JDM
- Smiles AG (CityEL)
- Dreirad bzw. Liegerad-basierte Konzepte (Velomobile)
    - Quest, Mango, C-Alleweder
    - Cab-bike
    - Aerorider
    - Leitra

- Alleweder
- Leiba
- Sled sourcerer
- Birkenstock Butterfly
- Go-One

Referenzen

[1] http://www.lepori.de/Fuehrerschein.htm, abgerufen am 19. Juni 2009
[2] http://www.agu.ch/pdf/Compatibility.pdf
[3] Unfallforschung der Versicherer (UDV) - Sicherheitsrisiko von Leichtkraftfahrzeugen (http://www.udv.de/uploads/tx_udvpublications/Untersuchung_des_Sicherheitsrisikos_von_Leichtkraftfahrzeugen.pdf).
[4] "Das Fahrverhalten beim Lenken von Leichtmobilen" im Auftrag der Universität Zürich, Ralf Risser et al., Universität Wien, am III. Leichtmobil-Symposium Wildhaus der Winterthur Unfallforschung, Februar 1993
[5] Firma Kruspan: mit ~350km Reichweite (http://www.kruspan.ch/Projects/Hotzenblitz_Data.htm"Hotzenblitz) Webseite Firma Kruspan, aufgerufen 7. Januar 2012

Siehe auch

- Verkehrspolitik
- Umweltpolitik
- Velomobil
- Voiturette
- Cyclecar
- Niedrigenergiefahrzeug

Weblinks

- Unfallforschung der Versicherer zum Sicherheitsrisiko von Leichtfahrzeugen (http://www.udv.de/fahrzeugsicherheit/sonstige-fahrzeuge/leichtkraftfahrzeuge/)
- Daimler-Chrysler Konzeptfahrzeug als Beispiel für technische Möglichkeiten von Leichtfahrzeugen (http://www.daimlerchrysler.com/dccom/0,,0-5-7154-49-390082-1-0-0-348452-0-0-135-7145-0-0-0-0-0-0-0,00.html)
- Liste bekannter Tilting Three Wheelers (TTW) (http://www.maxmatic.com/ttw_index.htm) (engl.)
- Film Crashtest Leichtfahrzeuge (http://www.youtube.com/unfallforschung?gl=DE&hl=de#p/u/27/62TNEVk9wT4)

Kleinstwagen

Ein **Kleinstwagen** ist eine noch unter dem Kleinwagen angesiedelte PKW-Fahrzeugklasse. Das Kraftfahrtbundesamt bezeichnet Personenwagen, die es unterhalb der Größe von Kleinwagen einstuft, als **Minis**.[1] Sehr ähnliche Fahrzeuge, jedoch mit einer exakten Begrenzung von Maßen und Leistung, bezeichnen die japanischen Kei-Cars, die dort steuerlich begünstigt sind.

Geschichte

Kleinstwagen als eigene Fahrzeugklasse entstanden Anfang der 1990er Jahre, nachdem die bisherigen Kleinwagen im Laufe ihrer Weiterentwicklung so groß geworden waren, dass wieder kleinere Fahrzeuge mit neu eingeführten Modellbezeichnungen auf den Markt gebracht werden konnten. Dies führte dazu, dass heutige sogenannte *Kleinstwagen* die Größe von *Kleinwagen* früherer Zeiten teilweise deutlich überragen. Inzwischen gibt es innerhalb der Klasse der Kleinstwagen wiederum verschiedene Ausrichtungen der Größe.

Die Rollermobile der europäischen Nachkriegszeit galten damals, als es die Bezeichnung *Kleinstwagen* noch nicht gab, als *Kleinwagen*.

Kleinstwagen am Markt

Aston Martin

Der britische Sportwagenhersteller Aston Martin hat seit 2011 mit dem Cygnet einen Kleinstwagen auf Basis des Toyota IQ im Angebot. Das Auto ist optisch an das Design von Aston Martin angepasst und wurde auch im Innenraum mit einem höherwertigen Interieur ausgestattet. Ein Nebeneffekt der Einführung ist ein nun deutlich verringerter Flottenverbrauch. Mit einem Listenpreis von 37.995 € liegt das kleinste Modell von Aston Martin preislich deutlich über den anderen hier genannten Modellen.

Luxuriöses Interieur des Aston Martin Cygnet

Daihatsu

Der japanische Hersteller Daihatsu hat sich regelrecht auf Klein- und Kleinstwagen spezialisiert. Auch bietet Daihatsu als einziger Hersteller „echte" Kei-Cars in Deutschland an, wenn auch mit größerem Motor. In Deutschland ist man unter anderem mit dem „normalen" Kleinstwagen Cuore, dem Micro-Coupé Copen und dem im Retro-Design gestalteten Daihatsu Trevis präsent.

Daimler AG

Unter der Marke Smart (seit 1998, Modellwechsel 2007) bietet Daimler den kürzesten der Kleinstwagen in Deutschland. Der Smart Fortwo ist ein Zweisitzer mit nicht einmal 2,7 Metern Länge. Aufgrund seiner großen Breite gilt das Fahrzeug in Japan nicht als Kei-Car, hierfür gab es von der ersten Generation eine leicht abgewandelte Ausführung.

Smart Fortwo

Fiat

Fiat bietet als Kleinstwagen das Retro-Fahrzeug Fiat 500 und den Fiat Panda, die aber beide deutlich größer sind als die bis in die 90er Jahre gebauten kleinen Heckmotor-Modelle und die erste Generation des Panda, der damals noch als *Kleinwagen* galt.

Ford

Der seit 1996 angebotene Ford Ka der ersten Generation war einer der ältesten Kleinstwagen am deutschen Markt, die neue Modellgeneration (technisch mit dem Fiat 500 verwandt) ist seit Februar 2009 in Deutschland erhältlich.

Ford Ka II

General Motors

GM hat als echten Kleinstwagen den in Südkorea hergestellten Chevrolet Spark im Angebot. Wegen seiner Länge wird teilweise auch der Opel Agila (baugleich Suzuki Splash) als Kleinstwagen bezeichnet, Opel selbst nennt ihn aber *Microvan.*

Honda

Der Honda Life wird in Europa nicht angeboten, entspricht aber eher einem Microvan.

Hyundai/Kia

Beide Marken bieten mit dem 2008 auf den Markt gekommenen Hyundai i10 und dem aus dem Jahr 2004 stammenden Kia Picanto unabhängig voneinander entwickelte Kleinstwagen.

Mitsubishi

Mitsubishi bietet das Elektroauto Mitsubishi i MiEV in dieser Klasse an. In Japan gibt es den Mitsubishi i auch mit Verbrennungsmotor.

PSA

Peugeot 107

Peugeot/Citroën hat als Kleinstwagen seit 2005 den Peugeot 107 bzw. Citroën C1 im Angebot. Das Fahrzeug ist baugleich mit dem Toyota Aygo und mit nur etwa 3,43 Meter für einen fünftürigen Kleinstwagen relativ kurz. Eher "normal" ist der Citroën C2. Auch hier gibt es mit dem Peugeot 1007 einen Microvan.

Renault-Nissan

Der Renault Twingo ist als solcher schon seit 1993 erhältlich, es gab 2007 einen Modellwechsel. Nissan schickt seit Mitte 2009 den Pixo als Vertreter der Kleinstwagen auf den Markt. Das Fahrzeug ist baugleich mit dem Suzuki Alto.
Für 2012 ist in Zusammenarbeit mit Bajaj ein Auto in direkter Konkurrenz zum Tata Nano geplant, das in Schwellenmärkten verkauft werden soll; die kolportierten Preise liegen zwischen 2000 $ und 3000 $.[2] [3] [4]

Seat

Seitdem der Seat Arosa ohne Nachfolger ausgelaufen ist, produziert Seat wieder einen Kleinstwagen, den Seat Mii.

Škoda Auto

Škoda ist im Jahr 2011 erstmals in das Segment der Kleinstwagen eingestiegen. Vertreten wird Škoda durch den Škoda Citigo.

Subaru

Die Modelle Subaru R1 und R2 sind Kei-Cars, werden jedoch in Europa nicht angeboten.

Suzuki

Suzuki Splash

In Japan bietet man eine ganze Reihe von Kleinstwagen an, in Europa derzeit nur den Suzuki Alto und den Microvan Suzuki Splash (baugleich: Opel Agila).

Tata

Der indische Hersteller Tata Motors hat für seinen Heimatmarkt mit dem Tata Nano ein extrem preisgünstiges Fahrzeug vorgestellt, einen nur 3,10 Meter lange Viersitzer. Das Fahrzeug ist, da auch auf jegliche Sicherheitseinrichtungen verzichtet wird, nicht unumstritten. Um einen Export nach EU-Richtlinien zu ermöglichen, ist eine umfassend modifizierte Version mit Fahrerairbag und verstärkter Karosserie für den europäischen Markt geplant.

Toyota

Der Toyota Aygo ist eine Gemeinschaftsentwicklung mit PSA. Das Fahrzeug ist – obwohl von einem japanischen Hersteller stammend – als Kei-Car 1cm zu lang. Seit dem 24. Januar 2009 ist der 3+1-Sitzer Toyota iQ auf dem deutschen Markt erhältlich.

Volkswagen

Volkswagen ist in der Klasse der Kleinstwagen seit 2005 mit dem für diese Klasse sehr großen VW Fox präsent. Vorgänger war seit 1997 der VW Lupo beziehungsweise der baugleiche Seat Arosa, der ein eher typischer Kleinstwagen war, aber aufgrund hoher Preise und niedriger Nachfrage 2004 eingestellt wurde. Allerdings erreicht auch der Fox bei weitem nicht den für VW sonst üblichen Marktanteil. Seit 2011 wird der VW up! hergestellt.

Aktuelle Modelle

Aston Martin Cygnet

Citroën C1

Citroën C-Zero

Chevrolet Spark

Daihatsu Cuore

Fiat 500

Fiat Panda

Ford Ka

Hyundai i10

Kia Picanto

Mitsubishi i-MiEV

Nissan Pixo

Opel Agila

Peugeot 107

Peugeot iOn

Renault Twingo

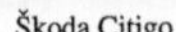
Škoda Citigo

Smart Fortwo

Suzuki Alto

Suzuki Splash

Toyota Aygo

Toyota iQ

VW up!

Siehe auch

- Leichtfahrzeug
- Rollermobil

Einzelnachweise

[1] Neuzulassungen Februar 2010 nach Segmenten und Modellreihen (http://www.kfz-betrieb.vogel.de/fileserver/vogelonline/issues/kfz/sonst/2010/2599.pdf)

[2] *Renault will das billigste Billigauto bauen.* (http://www.faz.net/s/RubD16E1F55D21144C4AE3F9DDF52B6E1D9/Doc~E1A4962CCDB2D45B7A0D39D2B68FF74E3~ATpl~Ecommon~Scontent.html) Abgerufen am 13. November 2009.

[3] *Renault greift Tata in Indien an.* (http://www.handelsblatt.com/unternehmen/industrie/umkaempftes-billigsegment-renault-greift-tata-in-indien-an;2482175) Abgerufen am 13. November 2009.

[4] *Renault entwickelt Billigauto in Indien.* (http://www.im-auto.de/autonews/3204.html) Abgerufen am 13. November 2009.

Kleinwagen

Der Begriff **Kleinwagen** bezeichnet in Europa die Fahrzeugklasse zwischen Kleinstwagen und Kompaktklasse. Typische Vertreter sind der VW Polo, der Opel Corsa, der Fiat Punto und der Ford Fiesta.

In den 1950er und 1960er Jahren stand die Bezeichnung Kleinwagen für deutlich kleinere Fahrzeuge, die Gattung oberhalb der Rollermobile. Charakteristisch für Kleinwagen war damals ein Zweizylindermotor mit einem Hubraum von ca. 600 bis 700 cm³ und einer Motorleistung zwischen 20 und 30 PS (15 bis 22 kW). Typische Vertreter waren der NSU Prinz, der Lloyd Alexander sowie die BMW-Modelle 600 und 700.

Kleinwagen VW Polo als meistverkauftes Modell 2009, 2010 und 2011 in Deutschland

Seit den 1970er Jahren folgen alle Kleinwagen der Automobilbauart, die 1959 mit dem Mini eingeführt wurde. Charakteristisch ist dabei der quer eingebaute Frontmotor, Frontantrieb und ein Steilheck bzw. Schrägheck mit einem gegenüber einer Stufenheck-Limousine verkürzten Kofferraum.

Bauformen

Fahrzeuge mit Schrägheck fanden bis in die 1950er und 1960er Jahren kaum Käufer in Deutschland. Aus praktischen Erwägungen setzte sich diese Bauform für Fahrzeuge im unterem Segment dann weitgehend durch. Varianten mit Stufenheck spielen auf dem deutschen Markt keine Rolle mehr, dennoch existieren von zahlreichen Kleinwagenmodellen solche Ableger, die oft unter einem eigenständigen Modellnamen angeboten werden bzw. wurden (Polo / VW Derby). Kleinwagen werden in den südlichen Ländern zu einem höheren Anteil als Familienauto genutzt und benötigen in dieser Funktion einen großen Kofferraum und möglichst vier Türen, was die größere Verbreitung der Stufenheckvarianten erklärt. Diese verlängerte Bauform wurde bzw. wird von Herstellern auch als Plattform für Kleinwagenkombis genutzt. Kombis sind jedoch deutlich weniger etabliert als in der Kompaktklasse. Einige Kleinwagen wurden als Basis für Kastenwagen genutzt, den Vorläufern der heutigen Hochdachkombis.

Die charakteristische Bauart von Kleinwagen wurde mit dem Mini zum Erfolg geführt.

Marktsituation

Einige Aspekte sprechen für einen Kleinwagen: geringer Kraftstoffverbrauch, niedrigere Versicherungsprämien und Kfz-Steuern, in Ballungsräumen ist die Parkplatzsuche am Straßenrand einfacher. Zahlreiche Modelle bieten heute ein deutlich höheres Maß an Insassenschutz als noch vor wenigen Jahren. Allerdings gibt es bis heute einige Modelle, für die auch gegen Aufpreis kein ESP erhältlich ist. Bei vielen Modellen sind Ausstattungsvarianten wie ESP oder Klimaanlage nur gegen Aufpreis erhältlich, während sie in der nächstgrößeren Klasse bereits zum Serienumfang gehören. Dies führt dazu, dass der Listenpreis-Unterschied zwischen Kleinwagen und Kompaktwagen größer erscheint, als er – „ausstattungsbereinigt" – tatsächlich ist. Früher wurden sogar Kleinwagen ohne Antiblockiersystem („ABS") angeboten.

Ein relativ neuer Trend sind Premium-Kleinwagen. Diese geben sich wesentlich sportlicher als klassische Kleinwagen und richten sich an zahlungskräftige Kunden, die ein dennoch kleines Fahrzeug suchen. Typische Merkmale sind eine höhere Motorisierung bereits in der Grundversion und Zweifarblackierungen. Als Pionier dieses

Konzeptes gilt der 1985 vorgestellte Lancia Y10, es folgten nach 2000 Modelle im Retrodesign wie der MINI von BMW, der Fiat 500 und der Alfa Romeo MiTo. Neue Impulse in diesem Segment ohne historisches Vorbild gaben der Citroën DS3 und der Audi A1. Der A1 hat viele Bauteile mit dem VW Polo gemein (siehe Plattform (Automobil)).[1]

Wegbereiter der Premium-Kleinwagen waren im deutschsprachigen Raum auch die Premium-Kompaktwagen (Mercedes-Benz A-Klasse (seit 1997), Audi A3 (seit 1996) und BMW 1er (seit 2004) sowie der Smart.

Neuzugelassene Kleinwagen-Modelle in Deutschland 2010

Rang	Fahrzeugmodellreihe	Anzahl	Anteil gewerblicher Halter
1	VW Polo	96.945	33,0 %
2	Opel Corsa	65.304	59,8 %
3	Ford Fiesta	51.598	49,9 %
4	Škoda Fabia	48.609	47,3 %
5	BMW Mini	31.477	51,5 %
6	Seat Ibiza, Cordoba	23.570	50,5 %
7	Peugeot 207	23.994	54,2 %
8	Renault Clio	23.333	52,4 %
9	Nissan Micra	17.689	28,4 %
10	Citroën C3	16.619	60,7 %

Aktuelle Modelle

Alfa Romeo MiTo

Audi A1

Chevrolet Aveo

Citroën DS3

Citroën C3

Daihatsu Charade

Daihatsu Sirion

Dacia Sandero

Fiat Punto

Ford Fiesta

Honda Jazz

Hyundai i20

Kia Rio

Lada Kalina

Lancia Ypsilon

Mazda 2

Mini (BMW)

Mitsubishi Colt

Nissan Micra

Opel Corsa

Peugeot 206+

Peugeot 207

Renault Clio

Renault Clio Campus

Renault Thalia

Seat Ibiza

Škoda Fabia

Suzuki Swift

Tata Indica

Toyota Yaris

VW Polo

Frühere Modelle

Kein vollständiger Katalog, aber einige typische Vertreter ihrer Zeit

1970–1979

Autobianchi A112

Audi 50

Citroen Visa

Citroen LN

Fiat 127

Ford Fiesta

Peugeot 104

Renault 5

VW Polo I

1980–1989

Autobianchi Y10, in Deutschland: Lancia Y10

Citroen AX

Fiat Uno

Honda Jazz

Mazda 121

Mini Metro, auch Austin/MG/Rover Metro

Nissan Micra

Opel Corsa A

Peugeot 205

Renault 5

Seat Ibiza

Subaru Justy

Talbot Samba

VW Polo II

1990–1999

Citroen Saxo

Daihatsu Charade

Fiat Punto

Ford Fiesta

Honda Logo

Lancia Y

Opel Corsa B

Peugeot 205

Renault Clio

Rover 100

Seat Ibiza

Subaru Justy

Suzuki Swift

Toyota Starlet

VW Polo III

2000–2010

Audi A2

Daewoo Kalos

Citroen C2

Citroen C3

Daihatsu Sirion

Fiat Punto

Ford Fiesta

Honda Jazz

Hyundai Getz

Lancia Ypsilon

Mazda 2

Nissan Micra

Opel Corsa C

Peugeot 206

Renault Clio II

Seat Ibiza

Skoda Fabia I

Subaru G3X Justy

Suzuki Swift

Toyota Yaris

VW Polo IV

Kleinwagen im Film

- *Klein aber mein! Die große Zeit der kleinen Autos*, mit Hans-Joachim Kulenkampff, 67 Minuten, Tacker Film. Offizieller Trailer bei youtube [2]

Einzelnachweise

[1] In den 1970ern waren VW Polo und Audi 50 fast identisch; aus marketingstrategischen Gründen nahm der VW-Konzern 1978 den Audi 50 nach nur vier Jahren und 180.828 produzierten Einheiten wieder aus seinem Modellprogramm. Das – damals in der Automobilindustrie neue – Badge-Engineering kam in Teilen der Kundschaft bzw. der Öffentlichkeit nicht gut an.

Kompaktklasse

Kompaktklasse ist die Bezeichnung für die Fahrzeugklasse zwischen Kleinwagen und Mittelklasse. Die Europäische Kommission bezeichnet diese Fahrzeugklasse als *Mittelklasse*.

Zwei der meistverkauften Automodelle der Welt, der Toyota Corolla und Ford Focus, zählen zur Kompaktklasse.[1]

Der VW Golf ist das meistverkaufte Fahrzeug der Kompaktklasse in Deutschland.

Merkmale und Geschichte

Typisches Merkmal der Kompaktklasse ist ein Schrägheck und eine Heckklappe, über die auch der Innenraum beladbar ist. Meist ist die Rückbank umklappbar, um sperriges Gut transportieren zu können. Die Heckklappe zum Innenraum ist der Grund für die Bezeichnung *Drei-* oder *Fünftürer*.

Ein früher Vertreter dieser Bauart (jedoch in der Mittelklasse angesiedelt) ist der 1965 vorgestellte Renault 16, noch mit längs eingebautem Frontmotor. Der Simca 1100 von 1967 hatte den Frontmotor quer eingebaut und damit die bis heute übliche kompaktere Bauweise. Als eigene Klasse etablierte sich die Bauart jedoch erst mit dem VW Golf I 1974.

Im Verhältnis zur Masse des Autos sind die Motoren oft durchaus leistungsstark, was Kompaktklassewagen für Fahrer interessant macht, die „sportliches“ Fahren mit einem guten Preis-Leistungs-Verhältnis verbinden wollen.

Weil viele Fahrzeuge im Laufe der Zeit immer größer und stärker motorisiert werden, stellt die folgende Beschreibung der Kompaktklasse eine Momentaufnahme dar. Die Länge der Fahrzeuge beträgt (Stand: 2012) etwa zwischen 4,15 und 4,50 Meter. Neuwagen der Klasse werden größtenteils zwischen 14.000 und 30.000 Euro gehandelt. Preislicher Rekordhalter ist aktuell das BMW 1er M Coupé, das laut Liste in der Grundausstattung 51.500 Euro kostet.

Untere Mittelklasse

Der Begriff *Untere Mittelklasse* wird teilweise synonym zu *Kompaktklasse* benutzt, teilweise speziell für Stufenheck-Modelle in dieser Klasse. In den meisten Ländern außerhalb Westeuropas sind diese Modelle wesentlich populärer als Schräghecks, so dass entsprechende Versionen teilweise nur für diese Länder entwickelt werden.

In den USA gibt es den Begriff der *Compact Cars*, welcher 1960 für Fahrzeuge eingeführt wurden, die im Vergleich zu damaligen Full-Size Cars kompakt waren, jedoch für europäische Verhältnisse immer noch riesig. Im Zuge der Ölkrise in den 1970ern wurden diese dann durch wesentlich kleinere Modelle ersetzt, die inzwischen fast durchgehend auf europäischen oder asiatischen Fahrzeugen der *unteren Mittelklasse* basieren.

Neuzugelassene Kompaktklasse-Modelle in Deutschland 2010

Rang	Fahrzeugmodellreihe	Anzahl	Anteil gewerblicher Halter
1	VW Golf, Jetta	251.078	54,2 %
2	Opel Astra	72.685	63,8 %
3	Audi A3, S3	63.466	62,8 %
4	BMW 1er	55.353	65,1 %
5	Ford Focus	53.720	81,5 %
6	Mercedes A-Klasse	51.579	39,7 %
7	Hyundai i30	30.498	27,8 %
8	Renault Megane	27.465	66,1 %

Aktuelle Beispiele

Alfa Romeo Giulietta

Audi A3

BMW 1er

Chevrolet Cruze

Citroën C4

Dacia Logan

Fiat Bravo

Ford Focus

Honda Civic

Hyundai i30

Kia cee'd

Lexus CT

Lancia Delta

Mazda3

Mercedes-Benz A-Klasse

Mitsubishi Lancer

Opel Astra J

Seat Leon

Subaru Impreza

Suzuki SX4

Toyota Auris

Toyota Prius

Volvo C30

VW Golf VI

Einzelnachweise

[1] http://www.autobild.de/artikel/meistverkaufte-autos-weltweit-2011-2763199.html

Mittelklasse

Mittelklasse ist die Bezeichnung für PKW einer bestimmten Fahrzeugklasse. Unterhalb der Mittelklasse sind Fahrzeuge der Kompaktklasse angesiedelt. Oberhalb der Mittelklasse werden Fahrzeuge als obere Mittelklasse bezeichnet. Die Europäische Kommission bezeichnet Fahrzeuge der Mittelklasse als *obere Mittelklasse*.

Der VW Passat als meistverkaufter Mittelklasse-Pkw 2011 in Deutschland

Geschichte

Die Mittelklasse war historisch die dritte Fahrzeugklasse, die sich bildete. Nach den Luxusfahrzeugen der Oberklasse und den zur Massenmobilisierung dienenden Kleinwagen entstand hier zwischen eine *mittlere* Klasse.

Von dieser Klasse spaltete sich zunächst die untere Mittelklasse oder Kompaktklasse mit kleineren Modellen ab. Die zum Teil etwas größeren V6-Modelle wurden erst in den 1980ern als eigene Klasse, die sogenannte obere Mittelklasse abgegrenzt.

Fahrzeuge der Mittelklasse werden in der Regel als viertürige Limousine mit Stufenheck und als Kombi angeboten. Als Basismotorisierung dient derzeit (Stand 2012) zumeist ein Vierzylinder-Motor mit etwa 100 bis 120 PS.

Durch steigende Benzinpreise und die sowieso immer größer werdenden Autos ist in Westeuropa der Markt für sehr große Autos deutlich geschrumpft. Dies führt dazu, dass bei zahlreichen Herstellern die Modellpalette mit der Mittelklasse endet. In Einzelfällen wird auch ein Nachfolger von Modellen der Mittel- und oberen Mittelklasse entwickelt, der dann als Mittelklasse eingestuft wird. Ein besonders deutliches Beispiel hierfür ist der Peugeot 508, der das Mittelklasse-Modell Peugeot 407 und den größeren Peugeot 607 ersetzt.

Der nordamerikanische Begriff *Mid-Size Car* oder *Intermediate Car* ist gesetzlich definiert und bezeichnet die dortige Mittelklasse, die erst seit etwa 1980 der europäischen entspricht. Vorher waren die dortigen Mittelklasse-Modelle dort deutlich größer. Eine *Obere Mittelklasse* gibt es dort im rechtlichen Sinne nicht, allerdings bieten einige Premium-Hersteller zwei Mittelklasse-Modelle an, von denen die größeren mit Modellen der oberen Mittelklasse aus Europa konkurrieren.

Neuzugelassene Mittelklasse-Modelle in Deutschland 2010

Rang	Fahrzeugmodellreihe	Anzahl	Anteil gewerblicher Halter
1	Mercedes-Benz C-Klasse	71.871	66,8 %
2	BMW 3er	67.643	76,0 %
3	VW Passat	66.496	88,3 %
4	Audi A4, S4	59.863	77,6 %
5	Opel Insignia	28.208	77,9 %
6	Audi A5, S5	23.415	65,0 %
7	Ford Mondeo	20.304	86,3 %

Quelle: KBA [1]

Das KBA kategorisiert 2010 auch den Škoda Superb in das Segment Mittelklasse statt der oberen Mittelklasse. Hierzu noch die Daten: Rang 8 mit 15.450 Stück und einem Anteil an gewerblichen Haltern von 63,7 %

Derzeit in Deutschland angebotene Modelle

Audi A4

Audi A5 Sportback

BMW 3er

Citroën DS5

Honda Accord

Hyundai i40

Infiniti G V36/CV36

Kia Optima

Lexus IS

Mazda6

Opel Insignia

Saab 9-3

Seat Exeo

Subaru Legacy

Suzuki Kizashi

Toyota Avensis

Volvo S60

VW Passat

VW Passat CC

US-amerikanische Mittelklassefahrzeuge

Acura TL

Buick Regal (weitgehend baugleich zum Opel Insignia)

Chevrolet Malibu

Chrysler 200

Dodge Avenger

Ford Fusion

Hyundai Sonata

Lincoln MKZ

Nissan Altima

Toyota Camry

VW Passat US-Version

Obere_Mittelklasse

Mercedes-Benz E-Klasse: meistverkauftes Auto 2009, 2010 und 2011 in der oberen Mittelklasse

Obere Mittelklasse ist die Bezeichnung für PKW der zweithöchsten Fahrzeugklasse, sie liegt also zwischen Mittelklasse und Oberklasse. In den Fahrzeugsegmenten der Europäische Kommission nennt sich dieses Segment *Oberklasse*. Der Begriff obere Mittelklasse wurde in den 1980er-Jahren geprägt, um Fahrzeuge, die höherwertig als die Fahrzeuge der Mittelklasse waren, jedoch nicht die Qualität und Kriterien von Oberklassefahrzeugen erreichten, einordnen zu können.

Marktsituation

Etwa seit Ende der 1990er Jahre hat sich der Markt in der oberen Mittelklasse deutlich verändert. War zuvor praktisch jede Marke mit einem Modell, welches zumeist das Spitzenmodell der Marke darstellte in dieser Klasse vertreten, so gibt es diese Modelle heute praktisch nur noch von Premium-Marken. Die einzige Ausnahme stellt hier der preislich auf dem Niveau eines Mittelklasse-Autos liegende Škoda Superb dar.

Ford (Scorpio bis 1998), Mazda (Xedos 9 bis 2002), Alfa Romeo (Alfa Romeo 166 bis 2007), Kia (Opirus bis 2010), Honda (Legend bis 2010) und Peugeot (Peugeot 607 bis 2010) haben sich komplett aus diesem Segment zurückgezogen; Opel (Omega bis 2003) und Nissan (Maxima bis 2004) haben de facto für die Einführung der konzerneigenen Premiummarken Cadillac beziehungsweise Infiniti auf dem europäischen Markt Platz gemacht.

Jährlich fünfstellige Stückzahlen erzielen in Deutschland nur die Modelle von Audi, BMW, Mercedes-Benz und – mit deutlichem Abstand – Škoda. Zumindest vierstellige Stückzahlen erreichen die Modelle von Volvo und Jaguar; die weiteren Modelle erreichen jährliche Zulassungszahlen von weniger als 250 Exemplaren.[1] Hieraus ergibt sich ein Gesamt-Marktanteil von etwa 6,5%.

Rang	Fahrzeugmodellreihe	Deutschland	Europaweit
1	BMW 5er	59.756	143.804
2	Mercedes-Benz E-Klasse	61.371	130.290
3	Audi A6/A7	46.076	84.284
4	Škoda Superb	16.653	55.981
5	Volvo S80/V70	4756	54.999
6	Jaguar XF	1918	16.700
7	Renault Latitude	233	10.719

Quelle: [2]

In Europa spielt diese Klasse außer in Deutschland nur in Schweden, wo der Volvo V70 seit 16 Jahren das meistverkaufte Auto ist[3] eine bedeutende Rolle. Im Rest Europas (definiert als EU ohne Bulgarien und Malta, aber zuzüglich Island, Norwegen, Schweiz und Türkei) beträgt der Marktanteil etwa 3%.[4]

Aktuelle Modelle

In Deutschland angebotene Fahrzeuge

Audi A6

BMW 5er

Cadillac CTS

Citroën C6

Infiniti M

Lancia Thema

Lexus GS

Mercedes-Benz E-Klasse

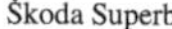
Škoda Superb

Volvo S80/V70

Einzelnachweise

[1] http://www.heise.de/autos/artikel/Schatten-Wirtschaft-Neuzulassungen-im-Oktober-2010-1136641.html

[2] Neuzulassungen 2011 (http://www.heise.de/autos/artikel/Neuzulassungen-im-Dezember-2011-1414999.html?bild=4;view=bildergalerie) heise.de, 17. Januar 2011

[3] http://bestsellingcarsblog.com/2012/01/02/sweden-full-year-2011-volvo-v70-leads-for-16th-consecutive-year/

[4] http://bestsellingcarsblog.com/2012/03/03/europe-full-year-2011-top-318-all-models-ranking-now-available/

Oberklasse

Als **Oberklasse** werden PKW der höchsten Fahrzeugklasse und das entsprechende Fahrzeugsegment des Kraftfahrt-Bundesamtes bezeichnet. In den Fahrzeugsegmenten der Europäischen Kommission nennt sich dieses Segment **Luxusklasse**, *Oberklasse* bezeichnet dort wiederum die obere Mittelklasse im Sinne des Kraftfahrt-Bundesamtes. Diese Klasse enthält große, komfortable, leistungsstarke und somit auch sehr teure Fahrzeuge. Die US-amerikanischen Full-Size Cars entsprechen der Oberklasse in der Größe, aber nicht zwingend in Motorisierung und Ausstattung.

Mercedes-Benz S-Klasse: Schon seit Jahren meistverkauftes Fahrzeug in seiner Klasse

In dieser Klasse werden üblicherweise nur Limousinen, Coupés und Cabriolets angeboten, jedoch keine Kombis. Weil viele Fahrzeuge im Laufe der Zeit immer größer und zudem auch stärker motorisiert werden, stellt die Beschreibung einer Fahrzeugklasse immer eine Momentaufnahme dar.

Aktuelle Modelle

Aston Martin Rapide

Audi A8

Bentley Continental Flying Spur

Bentley Continental GT

Bentley Continental GTC

Bentley Mulsanne

Bentley Azure

Bentley Brooklands

BMW 5er Gran Turismo

BMW 7er

Holden Statesman/Caprice

Hyundai Equus

Jaguar XJ

Jaguar XK

Lexus LS-Serie

Lincoln MKS

Maserati Quattroporte

Maybach 57/62

Mercedes-Benz CL-Klasse

Mercedes-Benz CLS-Klasse

Mercedes-Benz S-Klasse

Mercedes-Benz SL-Klasse

Mercedes-Benz SLS AMG

Porsche Panamera

Rolls-Royce Ghost

Rolls-Royce Phantom

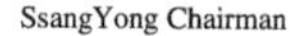
SsangYong Chairman

VW Phaeton

Toyota Century

Merkmale 1990

Oberklasse-Fahrzeuge verfügten 1990 im Basismodell über mindestens sechs Zylinder, 3,0 Liter Hubraum und eine Motorleistung von ca. 130 kW. Eine Ausnahme stellte der Mercedes 260 SE dar, ein Modell der W 126-Baureihe. Dieser verfügte über einen Motor mit 2,6 Liter Hubraum und 118 kW. Acht-Zylinder-Motoren waren bei Audi, Lexus und Mercedes (erst später, ab 1992 auch bei BMW) verfügbar. Daneben waren die Oberklasse-Fahrzeuge von BMW und Jaguar auch mit Zwölf-Zylinder-Motoren lieferbar. Dieselmotoren spielten 1990 in der Oberklasse noch keine Rolle. Lediglich Mercedes baute die S-Klasse mit Dieselmotor, allerdings nur für den Export in die USA.

Die Fahrzeuglänge von Oberklassefahrzeugen begann 1990 bei etwa 4,9 Metern und endete in den Versionen mit langem Radstand bei ca. 5,20 Metern.

Oberklasse-Limousinen verfügten fast ausschließlich über Hinterradantrieb, erst mit der Präsentation des Audi V8 im Jahre 1988 wurde mit dem Allradantrieb eine neue Antriebsart in dieser Fahrzeugklasse eingeführt. Ab Mitte der 1990er Jahre fand auch vermehrt der Frontantrieb Anwendung.

Beispiele 1990

Aston Martin Lagonda

Audi V8

Bentley Mulsanne

BMW 7er

Cadillac Brougham

Jaguar/Daimler XJ40

Lexus LS 400

Lincoln Town Car

Maserati Quattroporte

Mercedes-Benz S-Klasse

Rolls-Royce Silver Spur

Toyota Century

Daten 1990

Modell	Preisspanne	Leistung	Zylinder	Länge Grundversion	Länge Langversion
Audi V8	99.000 DM bis 150.000 DM	184 kW bis 206 kW	8	4871 mm	5190 mm
BMW 7er	65.000 DM bis 134.000 DM	138 kW bis 220 kW	6, 12	4910 mm	5024 mm
Jaguar XJ40	80.000 DM bis 111.000 DM	163 kW bis 194 kW	6, 12	4988 mm	nicht erhältlich
Lexus LS400	88.000 DM	180 kW	8	5005 mm	nicht erhältlich
Lincoln Town Car	70.000 DM bis 84.000 DM	140 kW	8	5560 mm	nicht erhältlich
Mercedes-Benz S-Klasse	64.000 DM bis 137.000 DM	118 kW bis 205 kW	6, 8	5020 mm	5160 mm
Cadillac Fleetwood Brougham	70.000 DM bis 90.000 DM	191 kW	8	5715 mm	nicht erhältlich

Historische Oberklasse-PKW

BMW 3200 L (1962)

Cadillac DeVille (1962)

Gaz 13 Tschaika (1959-1981)

Jaguar XJ (Mark I) (1972)

Horch 670 Zwölfzylinder (1932)

Horch Sport-Cabriolet (1938)

Jaguar Mk V (1948)

Lincoln Continental (1961)

Mercedes-Benz 220 S (1959–1965)

Mercedes-Benz 250 SE Cabrio (1965–1972)

Opel Diplomat B (1969-1977)

Tatra 603 (1957-1975)

Article Sources and Contributors

Benz_16/35_PS *Source*: http://de.wikipedia.org/w/index.php?title=Benz_16/35_PS *Contributors*: Frila, Grenzdebiler, M 93, MartinHansV, WWSS1, 2 anonymous edits

Benz_20/35_PS *Source*: http://de.wikipedia.org/w/index.php?title=Benz_20/35_PS *Contributors*: Frila, Grenzdebiler, M 93, MartinHansV, WWSS1

Kardanwelle *Source*: http://de.wikipedia.org/w/index.php?title=Kardanwelle *Contributors*: Aka, Analemma, Archwizard, Avoided, Baumfreund-FFM, Bergfalke2, BerndB, Borowski, Burts, ChristophDemmer, Christophe Watier, Crux, DasBee, Engeser, F.Schäfer, Florian Weber-alt, Fossy777, Frente, Hadhuey, Hafenbar, Hundehalter, Jahobr, K41f1r, KaiMartin, Karl Gruber, Kassander der Minoer, Kh555, Laza, Lord van Tasm, Magnus, Martin Helfer, Martinhelfer, Michael32710, Pessottino, PrismaNN, Regi51, Rr2000, Schweikhardt, Spurzem, Temblast, Thorbjoern, Tregobl, Trustable, Uwe Gille, WikiLangstrumpf, 32 anonymous edits

Benz_&_Cie. *Source*: http://de.wikipedia.org/w/index.php?title=Benz_%26_Cie. *Contributors*: AxelKing, BuSchu, Buch-t, ChiemseeMan, Dremmler, El., Elkawe, Enslin, Feba, Frank-m, Fuerlingerb, Gonzosft, HaSee, KingLion, Kolja21, Legendre, Leuchtschnabelbeutelschabe, MarkusHagenlocher, MartinHansV, Mib18, Mo4jolo, Nikkis, Nosferatü, Peter200, Polarlys, Rosentod, Sebmol, Superhappyboy, Ulf-31, Wiegels, Wurgl, 11 anonymous edits

Fahrzeugklasse *Source*: http://de.wikipedia.org/w/index.php?title=Fahrzeugklasse *Contributors*: 667NotB, Aka, Alofok, Anubis85 KH, Axel1963, Bananen Willi, Bergfalke2, DIAS, Der pate, Eschaper, EvK, FAEP, First-Neutron, Gamba, Georg Oberwinkler, GeorgHH, Geos, H005, Hadhuey, Harald wehner, Hundehalter, Hydro, JLubo, JPB, JaySef, Jzeller, KGF, KevinKwxwx, Knopfkind, LEbg, Leckse, M 93, MB-one, MFM, MainFrame, Manni88, MarkusHagenlocher, MartinHansV, MichaelFrey, Nexus111, Niklas 555, Ogharis, Pfalzfrank, R.Schuster, RMeier, Reptil, Robert Bombeck, Ruscrub, SSt, Schmidti 1977, Sebastian.Dietrich, Seewolf, Siehe-auch-Löscher, Siku-Sammler, Sonaz, St.Krekeler, Suricata, Taxiarchos228, Thomas doerfer, Timothy da Thy, To old, Tokikake, Varina, W!B:, WalterWolli, WikiNight, WikiPimpi, Wikifreund, Wikisearcher, 153 anonymous edits

Karosseriebauform *Source*: http://de.wikipedia.org/w/index.php?title=Karosseriebauform *Contributors*: 32X, Acky69, Adornix, Brzl!, Chief tin cloud, Emil Bild, ErikDunsing, FAEP, Freud, Igno-der-ant, JuTa, Julius1970, KGF, Knoerz, Lastdingo, MER-C, Martin Hans B., MartinHansV, Matt1971, Mitterndorfer, Pegepf, Pittimann, Rolz-reus, SSt, Siku-Sammler, Starol, Suricata, Thyll, Ts85, Vigilius, Wikisearcher, 20 anonymous edits

Benz_18/45_PS *Source*: http://de.wikipedia.org/w/index.php?title=Benz_18/45_PS *Contributors*: Berita, Frila, Grenzdebiler, M 93, MartinHansV, WWSS1

Benz_18_PS *Source*: http://de.wikipedia.org/w/index.php?title=Benz_18_PS *Contributors*: Frila, Grenzdebiler, M 93, MartinHansV, Spurzem

Benz_28/50_PS *Source*: http://de.wikipedia.org/w/index.php?title=Benz_28/50_PS *Contributors*: Frila, Grenzdebiler, M 93, MartinHansV, Spurzem

Benz_35/60_PS *Source*: http://de.wikipedia.org/w/index.php?title=Benz_35/60_PS *Contributors*: Frila, Grenzdebiler, M 93, MartinHansV, Spurzem

Benz_37/70_PS *Source*: http://de.wikipedia.org/w/index.php?title=Benz_37/70_PS *Contributors*: Frila, Grenzdebiler, M 93, MartinHansV, WWSS1

Benz_6/14_PS *Source*: http://de.wikipedia.org/w/index.php?title=Benz_6/14_PS *Contributors*: Grenzdebiler, M 93, MartinHansV, WWSS1

Benz_6/18_PS *Source*: http://de.wikipedia.org/w/index.php?title=Benz_6/18_PS *Contributors*: Aka, Buch-t, Grenzdebiler, M 93, MartinHansV, WWSS1

Benz_8/18_PS *Source*: http://de.wikipedia.org/w/index.php?title=Benz_8/18_PS *Contributors*: Frila, Grenzdebiler, M 93, MartinHansV, WWSS1

Kraftfahrzeug *Source*: http://de.wikipedia.org/w/index.php?title=Kraftfahrzeug *Contributors*: 888344, A.Abdel-Rahim, A.Savin, ABC1234567, Acf, Ahoerstemeier, Aka, Alexander Z., AndiF, Armin P., Avoided, BKLuis, Baumfreund-FFM, Berlin Mercedes Benz, Bernhard Wallisch, Biller24, Bubo bubo, C-Lover, Cactus26, Ce2, Celalbaba, ChrisHamburg, ChrisHeff, Claus Ableiter, DIAS, Dachris, Deepthroad, Der.Traeumer, DerHexer, Die.keimzelle, Dieter66007, Don Magnifico, Dr. med. Ieval, El., Fairplay, FalconL, Filzstift, Fumanchuato, GammaGandalf, Gerhardvalentin, Govannon, Greenhorn, HAL Neuntausend, Hadhuey, Harro von Wuff, Harz4, Hastdutoene, Heinzi.at, HorstDieterSchulze, Howwi, Hydro, Hystrix, ICE21, Inkowik, Iste Praetor, JFKCom, JLubo, Jbergner, Jivee Blau, K41f1r, Karl Gruber, Kenji, Kettenkrad, Klara Rosa, Krawi, LKD, Labbe, Lambdacore, Lycopithecus, Magnummandel, Magnus Manske, Maikel, MainFrame, Mainpage, Martin Helfer, MartinHansV, Martinhelfer, Matt1971, McB, Mec69, Media lib, MichLenz, Mideal, Mikue, Minnou, Mnh, Mo4jolo, Montauk, Nanahara, Naoag, Nockel12, Ourewäller, PSS, PeeCee, Pittimann, RacoonyRE, Randolph33, Rdb, Regi51, Renekaemmerer, Reptil, ReqEngineer, Rho, Riptor, Robert Weemeyer, Roest, Rohrkrepierer, Röhrender Elch, SPRR, SVG, Sabata, SchirmerPower, Sebastian.Dietrich, Sechmet, Seewolf, Sinn, St.Krekeler, Starcalc, Stefan64, Stephan Schneider, Strelok, Sukarnobhumibol, Suricata, Sustainlogic, TJakobs, Tinz, Tkarcher, Togo, TruebadiX, Tönjes, Umweltschützen, Uwe Gille, WAH, Weiszespferd, Wiegels, Wiki-Chris, WikiNight, Wikifreund, Wikisearcher, Wruedt, Xeper, Xls, YMS, YourEyesOnly, Zaibatsu, Zaphiro, Zombi, 154 anonymous edits

Leichtfahrzeug *Source*: http://de.wikipedia.org/w/index.php?title=Leichtfahrzeug *Contributors*: A.Savin, Afri, Aineias, Aka, Andreas aus Hamburg in Berlin, Billinghurst, Brego, Brodkey65, Buch-t, Caeschfloh, Cecil, Chief tin cloud, ChrisHamburg, Cleverboy, CommonsDelinker, Cuno.1, DasBee, DerHexer, Diwas, DrSeehas, Druffeler, Eisenberg, Fallersleben, Gamsbart, Gerd Taddicken, Gerfriedc, Gobble, Grey Geezer, Gschuetz, HaSee, Hadhuey, Hamartia77, Helfmann, Herbertweidner, Hugote, Ijbond, Jazz-face, Joes-Wiki, K4ktus, Kaba1, Kam Solusar, Kapege.de, Klingon83, Lambdacore, Layer, MFM, Marco Gubka, Martinroell, Mrieken, NSX-Racer, Niteshift, PhilipErdös, Phrontis, Pittimann, Pädda, Reinhard Kraasch, Reptil, Resp, RolandS, Roo1812, Rotkaeppchen68, Saehrimnir, Schoegy, Siku-Sammler, Sinn, Steschke, Suricata, TheAutoJunkie, Theosch, Thorbjoern, Timo Beil, Urmelbeauftragter, Wannabee3, Wikisearcher, Wolfgang H., Zweihundertzwölf, 77 anonymous edits

Kleinstwagen *Source*: http://de.wikipedia.org/w/index.php?title=Kleinstwagen *Contributors*: Aerocat, Aka, Alofok, Axpde, Blunt., Bojo, Buster Baxter, Bötsy, Caeschfloh, ChiemseeMan, Ciciban, Don Cuan, Erik Warmelink, Flavia67, Fouk, Geitost, Gorlingor, Gudrun Meyer, Honza, Huetes, Jayen466, KAgamemnon, Lightningbug 81, M 93, MB-one, Mike Krüger, Msmobydick, Noogle, Ralf Gartner, Randy43, Siku-Sammler, Suricata, TJ.MD, TheK, Thomas doerfer, Urmelbeauftragter, WikiBene, Wolfgang1018, ZZZico, , 40 anonymous edits

Kleinwagen *Source*: http://de.wikipedia.org/w/index.php?title=Kleinwagen *Contributors*: A.Savin, ABF, Aka, Alofok, Anneke Wolf, AwOc, Baschleben, BerndB, Buster Baxter, Cancun, ChiemseeMan, ChristosV, Defchris, Diwas, GT1976, Gunnar1m, Hadhuey, Hermannthomas, Honza, Hydro, Karl-Henner, Kleinercitroen, M 93, MB-one, MatteX, Maujak, Neun-x, Nodh, OnkelFordTaunus, Peng, PsY.cHo, RedEagle, RonMeier, Ruppert, Seewolf, Siku-Sammler, SkipHH, Starrachse, Stefan Kunzmann, Suricata, TheK, Thomas doerfer, Ts85, Ukjt, Urmelbeauftragter, Usien, Vigilius, Wiki-Hypo, WikiNight, Wikifreund, Will s, ZZZico, Zaungast, Zlois, 50 anonymous edits

Kompaktklasse *Source*: http://de.wikipedia.org/w/index.php?title=Kompaktklasse *Contributors*: Academix, Aka, Alofok, Andreas 06, Buster Baxter, Defchris, Denis92, Der Nöck, Endorphine, Farino, Felix Stember, Fristu, Grouara, Guido Bockamp, Gut informiert, HeavyTraffic, JD, Janezdrilc, JaySef, KGF, Knergy, Knoerz, Linum, M 93, MB-one, Mannerheim, MichaelDiederich, MiriamP86, Msmobydick, Neun-x, Noddy93, Peng, PeterZF, PsY.cHo, Punxsutawney-phil, Ralf Roletschek, Siku-Sammler, SkipHH, Soebe, Stahlkocher, Sulferon, Suricata, Testtube, Th., TheK, Thomas doerfer, Thornard, Tiburonski, Timenewxxxxxx, Ts85, WikiNight, Wikifreund, Wikisearcher, Xeno06, ZZZico, , 72 anonymous edits

Mittelklasse *Source*: http://de.wikipedia.org/w/index.php?title=Mittelklasse *Contributors*: A. Monk, Abe Lincoln, Academix, Alofok, Buster Baxter, ChikagoDeCuba, Defchris, Farino, Frila, Gerdbrendel, Grouara, Head, Inkowik, Johamar, M 93, M-J, MB-one, Marcel Keienborg, MiriamP86, Montauk, Msmobydick, NSX-Racer, Onkelkoeln, Peng, Pessottino, Siku-Sammler, SkipHH, Stoerfall, TheK, Thomas doerfer, Tromboman, Trustable, Ts85, WOBE3333, Walterfreudt, WikiPimpi, Wikifreund, Wikisearcher, ZZZico, , 51 anonymous edits

Obere_Mittelklasse *Source*: http://de.wikipedia.org/w/index.php?title=Obere_Mittelklasse *Contributors*: Alofok, Aveexoo, BJ Axel, BSI, Buster Baxter, Carbenium, Defchris, EvaK, FAEP, Gerdbrendel, Grouara, Hubertl, Inkowik, JLeng, Kampet, Knergy, M 93, MB-one, MiriamP86, Nuclear-energy, Onkelkoeln, Peng, PsY.cHo, Schleichfuchs, Schlurcher, Siku-Sammler, SkipHH, Spurzem, Suricata, Taxiarchos228, TheK, Thomas doerfer, Timk70, Varina, WikiPimpi, Wikifreund, Wikisearcher, Wookie, ZZZico, 73 anonymous edits

Oberklasse *Source*: http://de.wikipedia.org/w/index.php?title=Oberklasse *Contributors*: Aka, Alofok, Azby, BSI, Barbulo, Bergfalke2, Boogityman, Buster Baxter, Chief tin cloud, ChristianBier, Chucky dmp, CommonsDelinker, Dadawah, Dansker, Defchris, Der-ulf, Diplomat V8, Engie, FAEP, Farino, Flo123456, Freud, Gerdbrendel, Grouara, Gustavf, HBarchet, Herr Th., Jan eissfeldt, Jergen, Jimknopfmuc, Karsten11, Kornylius, Kwer Wolf, Körnerbrötchen, LKD, Loquer, Lukian, M 93, MB-one, Nuclear-energy, Onkelkoeln, Peng, Pill, Ralf Roletschek, Reptil, RonMeier, Ruppert, Siku-Sammler, Sinn, SkipHH, Suricata, Sven-steffen arndt, TheK, Thomas doerfer, TobiasKlaus, Ts85, Urmelbeauftragter, Wikisearcher, Wimmerm, Wst, ZZZico, , 75 anonymous edits

Image Sources, Licenses and Contributors

Datei:Benz 16 40 PS Doppelphaeton 1913.jpg *Source*: http://de.wikipedia.org/w/index.php?title=Datei:Benz_16_40_PS_Doppelphaeton_1913.jpg *License*: unknown *Contributors*: Lars-Göran Lindgren Sweden

Datei:Universal joint.png *Source*: http://de.wikipedia.org/w/index.php?title=Datei:Universal_joint.png *License*: unknown *Contributors*: Andy Dingley, Kneiphof, Ma-Lik

Datei:Universal joint.gif *Source*: http://de.wikipedia.org/w/index.php?title=Datei:Universal_joint.gif *License*: unknown *Contributors*: User:Van helsing

Datei:Cardan Shaft.jpg *Source*: http://de.wikipedia.org/w/index.php?title=Datei:Cardan_Shaft.jpg *License*: unknown *Contributors*: User:IP83

Datei:Fendt Fahrrad 8786.jpg *Source*: http://de.wikipedia.org/w/index.php?title=Datei:Fendt_Fahrrad_8786.jpg *License*: unknown *Contributors*: User:Flominator

Bild:Carl-Benz coloriert.jpg *Source*: http://de.wikipedia.org/w/index.php?title=Datei:Carl-Benz_coloriert.jpg *License*: unknown *Contributors*: DeFacto, Enslin

Bild:Benz Mannheim Motor 1.jpg *Source*: http://de.wikipedia.org/w/index.php?title=Datei:Benz_Mannheim_Motor_1.jpg *License*: unknown *Contributors*: User:Timo_Beil

Bild:MHV Benz Patentmotorwagen 1886 01.jpg *Source*: http://de.wikipedia.org/w/index.php?title=Datei:MHV_Benz_Patentmotorwagen_1886_01.jpg *License*: unknown *Contributors*: MartinHansV

Bild:Zzz-Vik-Lond.jpg *Source*: http://de.wikipedia.org/w/index.php?title=Datei:Zzz-Vik-Lond.jpg *License*: unknown *Contributors*: Infrogmation, Man vyi, Mattes, Pieter Kuiper, Wst

Bild:MHV Blitzen-Benz 1909 01.jpg *Source*: http://de.wikipedia.org/w/index.php?title=Datei:MHV_Blitzen-Benz_1909_01.jpg *License*: unknown *Contributors*: MartinHansV

Bild:Benz 16 40 PS Doppelphaeton 1913.jpg *Source*: http://de.wikipedia.org/w/index.php?title=Datei:Benz_16_40_PS_Doppelphaeton_1913.jpg *License*: unknown *Contributors*: Lars-Göran Lindgren Sweden

Bild:Benz Gaggenau Logo.png *Source*: http://de.wikipedia.org/w/index.php?title=Datei:Benz_Gaggenau_Logo.png *License*: unknown *Contributors*: User:Enslin

Bild:Benz Logo Mannheim.png *Source*: http://de.wikipedia.org/w/index.php?title=Datei:Benz_Logo_Mannheim.png *License*: unknown *Contributors*: User:Enslin

Bild:Benz und Cie Mannheim.jpg *Source*: http://de.wikipedia.org/w/index.php?title=Datei:Benz_und_Cie_Mannheim.jpg *License*: unknown *Contributors*: User:Enslin

Datei:Kadett-varia.JPG *Source*: http://de.wikipedia.org/w/index.php?title=Datei:Kadett-varia.JPG *License*: unknown *Contributors*: Illu-witch, MB-one

Bild:Triumph-tr2.jpg *Source*: http://de.wikipedia.org/w/index.php?title=Datei:Triumph-tr2.jpg *License*: unknown *Contributors*: Softeis

Bild:Peugeot 306-Cabrio-I.jpg *Source*: http://de.wikipedia.org/w/index.php?title=Datei:Peugeot_306-Cabrio-I.jpg *License*: unknown *Contributors*: Softeis at de.wikipedia

Bild:VW Kuebelwagen 1.jpg *Source*: http://de.wikipedia.org/w/index.php?title=Datei:VW_Kuebelwagen_1.jpg *License*: unknown *Contributors*: Darkone

Bild:Mercedes-Benz S 500 lang Landaulet.jpg *Source*: http://de.wikipedia.org/w/index.php?title=Datei:Mercedes-Benz_S_500_lang_Landaulet.jpg *License*: unknown *Contributors*: Original uploader was Cete at de.wikipedia

Bild:BMW_E30_rear_20080127.jpg *Source*: http://de.wikipedia.org/w/index.php?title=Datei:BMW_E30_rear_20080127.jpg *License*: unknown *Contributors*: user:Randy43

Bild:Vw passat b1 facelift h sst.jpg *Source*: http://de.wikipedia.org/w/index.php?title=Datei:Vw_passat_b1_facelift_h_sst.jpg *License*: unknown *Contributors*: CrazyD, SSt, Thomas doerfer

Bild:Audi_100_C2_rear_20101120.jpg *Source*: http://de.wikipedia.org/w/index.php?title=Datei:Audi_100_C2_rear_20101120.jpg *License*: unknown *Contributors*: user:Randy43

Bild:Renault_30TX_rear_20070404.jpg *Source*: http://de.wikipedia.org/w/index.php?title=Datei:Renault_30TX_rear_20070404.jpg *License*: unknown *Contributors*: user:Randy43

Bild:Fiat128CoupéSL1^serieLuc106.jpg *Source*: http://de.wikipedia.org/w/index.php?title=Datei:Fiat128CoupéSL1^serieLuc106.jpg *License*: unknown *Contributors*: User:Ligabo

Bild:Mercedes_W123_Coupe_rear_20071009.jpg *Source*: http://de.wikipedia.org/w/index.php?title=Datei:Mercedes_W123_Coupe_rear_20071009.jpg *License*: unknown *Contributors*: user:Randy43

Bild:Opel_Kadett_Kombi_rear_20071212.jpg *Source*: http://de.wikipedia.org/w/index.php?title=Datei:Opel_Kadett_Kombi_rear_20071212.jpg *License*: unknown *Contributors*: user:Randy43

Bild:Ford_Sierra_Kombi_rear_20080205.jpg *Source*: http://de.wikipedia.org/w/index.php?title=Datei:Ford_Sierra_Kombi_rear_20080205.jpg *License*: unknown *Contributors*: user:Randy43

Bild:Scimiatar GTE LU.JPG *Source*: http://de.wikipedia.org/w/index.php?title=Datei:Scimiatar_GTE_LU.JPG *License*: unknown *Contributors*: User:Charles01

Bild:Mercedes 240D W123 lang.jpg *Source*: http://de.wikipedia.org/w/index.php?title=Datei:Mercedes_240D_W123_lang.jpg *License*: unknown *Contributors*: AxelKing at de.wikipedia

Bild:Mercedes-landaulet.jpg *Source*: http://de.wikipedia.org/w/index.php?title=Datei:Mercedes-landaulet.jpg *License*: unknown *Contributors*: Original uploader was Softeis at de.wikipedia

Bild:Porsche 911S Targa 2.JPG *Source*: http://de.wikipedia.org/w/index.php?title=Datei:Porsche_911S_Targa_2.JPG *License*: unknown *Contributors*: Original uploader was ChiemseeMan at de.wikipedia (Original text : Späth Chr.)

Bild:Bmw 02 3 h sst.jpg *Source*: http://de.wikipedia.org/w/index.php?title=Datei:Bmw_02_3_h_sst.jpg *License*: unknown *Contributors*: High Contrast, MB-one, MartinHansV, SSt, SuperTank17, 1 anonymous edits

Bild:Opel Olympia Cabriocoach 1937.jpg *Source*: http://de.wikipedia.org/w/index.php?title=Datei:Opel_Olympia_Cabriocoach_1937.jpg *License*: unknown *Contributors*: Lars-Göran Lindgren Sweden

Bild: Royalebugatti.jpg *Source*: http://de.wikipedia.org/w/index.php?title=Datei:Royalebugatti.jpg *License*: unknown *Contributors*: Original uploader was Leo Barton at de.wikipedia

Datei:Benz 6-18 PS 1921.JPG *Source*: http://de.wikipedia.org/w/index.php?title=Datei:Benz_6-18_PS_1921.JPG *License*: unknown *Contributors*: User:Buch-t

Datei:Adler Diplomat 3 GS mit Holzgasgenerator-hinten rechts.JPG *Source*: http://de.wikipedia.org/w/index.php?title=Datei:Adler_Diplomat_3_GS_mit_Holzgasgenerator-hinten_rechts.JPG *License*: unknown *Contributors*: User:Mattes

Datei:Schema-Antriebe.jpg *Source*: http://de.wikipedia.org/w/index.php?title=Datei:Schema-Antriebe.jpg *License*: unknown *Contributors*: User:Hastdutoene

Datei:Arola 20 (1).jpg *Source*: http://de.wikipedia.org/w/index.php?title=Datei:Arola_20_(1).jpg *License*: unknown *Contributors*: Joost J. Bakker from IJmuiden

Datei:Messerschmitt Kabinenroller.jpg *Source*: http://de.wikipedia.org/w/index.php?title=Datei:Messerschmitt_Kabinenroller.jpg *License*: unknown *Contributors*: Stefan Kühn

Datei:Aston Martin Cygnet dashboard.jpg *Source*: http://de.wikipedia.org/w/index.php?title=Datei:Aston_Martin_Cygnet_dashboard.jpg *License*: unknown *Contributors*: http://www.flickr.com/photos/davidvillarreal/

Datei:Smart Fortwo passion front.JPG *Source*: http://de.wikipedia.org/w/index.php?title=Datei:Smart_Fortwo_passion_front.JPG *License*: unknown *Contributors*: User:Matthias93

Datei:Ford Ka II front 20091129.JPG *Source*: http://de.wikipedia.org/w/index.php?title=Datei:Ford_Ka_II_front_20091129.JPG *License*: unknown *Contributors*: user:S 400 HYBRID

Datei:Peugeot 107 Dreitürer Scarletrot.JPG *Source*: http://de.wikipedia.org/w/index.php?title=Datei:Peugeot_107_Dreitürer_Scarletrot.JPG *License*: unknown *Contributors*: User:Thomas doerfer

Datei:Suzuki Splash front 20090309.jpg *Source*: http://de.wikipedia.org/w/index.php?title=Datei:Suzuki_Splash_front_20090309.jpg *License*: unknown *Contributors*: user:Randy43

Datei:Aston Martin Cygnet (82).JPG *Source*: http://de.wikipedia.org/w/index.php?title=Datei:Aston_Martin_Cygnet_(82).JPG *License*: unknown *Contributors*: User:El monty

Datei:Citroën C1 1.0 (Facelift) – Frontansicht, 7. April 2011, Wülfrath.jpg *Source*: http://de.wikipedia.org/w/index.php?title=Datei:Citroën_C1_1.0_(Facelift)_–_Frontansicht,_7._April_2011,_Wülfrath.jpg *License*: unknown *Contributors*: user:M 93

Datei:Citroen C-Zero.JPG *Source*: http://de.wikipedia.org/w/index.php?title=Datei:Citroen_C-Zero.JPG *License*: unknown *Contributors*: User:Thomas doerfer

Datei:Chevrolet Spark front 20100601.jpg *Source*: http://de.wikipedia.org/w/index.php?title=Datei:Chevrolet_Spark_front_20100601.jpg *License*: unknown *Contributors*: user:S 400 HYBRID

Datei:Daihatsu Cuore 1.0 (L276) – Frontansicht, 2. April 2011, Ratingen.jpg *Source*: http://de.wikipedia.org/w/index.php?title=Datei:Daihatsu_Cuore_1.0_(L276)_–_Frontansicht,_2._April_2011,_Ratingen.jpg *License*: unknown *Contributors*: user:M 93

Datei:Fiat 500 front 20080621.jpg *Source*: http://de.wikipedia.org/w/index.php?title=Datei:Fiat_500_front_20080621.jpg *License*: unknown *Contributors*: user:Randy43

Datei:Fiat Panda front_20090318.jpg *Source*: http://de.wikipedia.org/w/index.php?title=Datei:Fiat_Panda_front_20090318.jpg *License*: unknown *Contributors*: user:Randy43

Datei:Hyundai i10 1.1 Classic FIFA WM Edition (Facelift) – Frontansicht, 16. April 2011, Düsseldorf.jpg *Source*: http://de.wikipedia.org/w/index.php?title=Datei:Hyundai_i10_1.1_Classic_FIFA_WM_Edition_(Facelift)_–_Frontansicht,_16._April_2011,_Düsseldorf.jpg *License*: unknown *Contributors*: user:M 93

Datei:Kia Picanto Fünftürer Vision 1.0 CVVT Schneeweiß.JPG *Source*: http://de.wikipedia.org/w/index.php?title=Datei:Kia_Picanto_Fünftürer_Vision_1.0_CVVT_Schneeweiß.JPG *License*: unknown *Contributors*: User:Thomas doerfer

Datei:Mitsubishi i MiEV 01.JPG *Source*: http://de.wikipedia.org/w/index.php?title=Datei:Mitsubishi_i_MiEV_01.JPG *License*: unknown *Contributors*: User:Hatsukari715

Datei:Nissan Pixo 20090809 front.JPG *Source*: http://de.wikipedia.org/w/index.php?title=Datei:Nissan_Pixo_20090809_front.JPG *License*: unknown *Contributors*: user:S 400 HYBRID

Datei:Opel Agila B front-2.jpg *Source*: http://de.wikipedia.org/w/index.php?title=Datei:Opel_Agila_B_front-2.jpg *License*: unknown *Contributors*: User:Matthias93

Datei:Peugeot 107 70 Urban Move (Facelift) – Frontansicht (1), 17. Juli 2011, Ratingen.jpg *Source*: http://de.wikipedia.org/w/index.php?title=Datei:Peugeot_107_70_Urban_Move_(Facelift)_–_Frontansicht_(1),_17._Juli_2011,_Ratingen.jpg *License*: unknown *Contributors*: user:M 93

Datei:Peugeot iOn – Frontansicht, 17. Juli 2011, Düsseldorf.jpg *Source*: http://de.wikipedia.org/w/index.php?title=Datei:Peugeot_iOn_–_Frontansicht,_17._Juli_2011,_Düsseldorf.jpg *License*: unknown *Contributors*: user:M 93

Datei:Renault Twingo (II, Facelift) – Frontansicht, 3. März 2012, Ratingen.jpg *Source*: http://de.wikipedia.org/w/index.php?title=Datei:Renault_Twingo_(II,_Facelift)_–_Frontansicht,_3._März_2012,_Ratingen.jpg *License*: unknown *Contributors*: user:M 93

Datei:Citigo01.jpg *Source*: http://de.wikipedia.org/w/index.php?title=Datei:Citigo01.jpg *License*: unknown *Contributors*: User:Jirka.h23

Datei:Smart Fortwo Coupé Pulse (C 451, Facelift) – Frontansicht, 17. Juli 2011, Düsseldorf.jpg *Source*: http://de.wikipedia.org/w/index.php?title=Datei:Smart_Fortwo_Coupé_Pulse_(C_451,_Facelift)_–_Frontansicht,_17._Juli_2011,_Düsseldorf.jpg *License*: unknown *Contributors*: user:M 93

Datei:Suzuki Alto 1.0 Comfort (VII) – Frontansicht, 17. Juli 2011, Düsseldorf.jpg *Source*: http://de.wikipedia.org/w/index.php?title=Datei:Suzuki_Alto_1.0_Comfort_(VII)_–_Frontansicht,_17._Juli_2011,_Düsseldorf.jpg *License*: unknown *Contributors*: user:M 93

Datei:Toyota Aygo City Vulcanorot Facelift.JPG *Source*: http://de.wikipedia.org/w/index.php?title=Datei:Toyota_Aygo_City_Vulcanorot_Facelift.JPG *License*: unknown *Contributors*: User:Thomas doerfer

Datei:Toyota iQ 20090621 front.JPG *Source*: http://de.wikipedia.org/w/index.php?title=Datei:Toyota_iQ_20090621_front.JPG *License*: unknown *Contributors*: user:Matthias93

Datei:Volkswagen up! White (front quarter).jpg *Source*: http://de.wikipedia.org/w/index.php?title=Datei:Volkswagen_up!_White_(front_quarter).jpg *License*: unknown *Contributors*: User:Overlaet

Datei:VW Polo V front 20100612.jpg *Source*: http://de.wikipedia.org/w/index.php?title=Datei:VW_Polo_V_front_20100612.jpg *License*: unknown *Contributors*: user:S 400 HYBRID

Datei:Mini cross section.jpg *Source*: http://de.wikipedia.org/w/index.php?title=Datei:Mini_cross_section.jpg *License*: unknown *Contributors*: geni

Datei:Alfa Romeo MiTo 20090603 front.JPG *Source*: http://de.wikipedia.org/w/index.php?title=Datei:Alfa_Romeo_MiTo_20090603_front.JPG *License*: unknown *Contributors*: User:Matthias93

Datei:Audi A1 1.6 TDI Ambition front 20100904.jpg *Source*: http://de.wikipedia.org/w/index.php?title=Datei:Audi_A1_1.6_TDI_Ambition_front_20100904.jpg *License*: unknown *Contributors*: user:S 400 HYBRID

Datei:Chevrolet Aveo LT 1.2 (T300) – Frontansicht, 6. Oktober 2011, Mettmann.jpg *Source*: http://de.wikipedia.org/w/index.php?title=Datei:Chevrolet_Aveo_LT_1.2_(T300)_–_Frontansicht,_6._Oktober_2011,_Mettmann.jpg *License*: unknown *Contributors*: user:M 93

Datei:Citroën DS3 VTi 120 Airdream SoChic front 20100425.jpg *Source*: http://de.wikipedia.org/w/index.php?title=Datei:Citroën_DS3_VTi_120_Airdream_SoChic_front_20100425.jpg *License*: unknown *Contributors*: user:S 400 HYBRID

Datei:Citroen C3 Exclusive.JPG *Source*: http://de.wikipedia.org/w/index.php?title=Datei:Citroen_C3_Exclusive.JPG *License*: unknown *Contributors*: User:Thomas doerfer

Datei:Daihatsu Charade 1.33 Basis (V) – Frontansicht, 21. Juni 2011, Ratingen.jpg *Source*: http://de.wikipedia.org/w/index.php?title=Datei:Daihatsu_Charade_1.33_Basis_(V)_–_Frontansicht,_21._Juni_2011,_Ratingen.jpg *License*: unknown *Contributors*: user:M 93

Datei:Daihatsu Sirion Facelift 20090314 front.jpg *Source*: http://de.wikipedia.org/w/index.php?title=Datei:Daihatsu_Sirion_Facelift_20090314_front.jpg *License*: unknown *Contributors*: User:Matthias93

Datei:Dacia Sandero 1.4 MPI Ambiance Feuerrot.JPG *Source*: http://de.wikipedia.org/w/index.php?title=Datei:Dacia_Sandero_1.4_MPI_Ambiance_Feuerrot.JPG *License*: unknown *Contributors*: User:Thomas doerfer

Datei:Fiat Punto Evo front 20100731.jpg *Source*: http://de.wikipedia.org/w/index.php?title=Datei:Fiat_Punto_Evo_front_20100731.jpg *License*: unknown *Contributors*: user:S 400 HYBRID

Datei:Ford Fiesta Mk7 20090223 front.jpg *Source*: http://de.wikipedia.org/w/index.php?title=Datei:Ford_Fiesta_Mk7_20090223_front.jpg *License*: unknown *Contributors*: User:Matthias93

Datei:Honda Jazz 1.4 i-VTEC Trend (III, Facelift) – Frontansicht, 26. Juni 2011, Düsseldorf.jpg *Source*: http://de.wikipedia.org/w/index.php?title=Datei:Honda_Jazz_1.4_i-VTEC_Trend_(III,_Facelift)_–_Frontansicht,_26._Juni_2011,_Düsseldorf.jpg *License*: unknown *Contributors*: user:M 93

Datei:Hyundai i20 1.2 Classic – Frontansicht (1), 21. Juni 2011, Heiligenhaus.jpg *Source*: http://de.wikipedia.org/w/index.php?title=Datei:Hyundai_i20_1.2_Classic_–_Frontansicht_(1),_21._Juni_2011,_Heiligenhaus.jpg *License*: unknown *Contributors*: user:M 93

Datei:Kia Rio 1.4 CVVT Edition 7 (UB) – Frontansicht (2), 25. Oktober 2011, Düsseldorf.jpg *Source*: http://de.wikipedia.org/w/index.php?title=Datei:Kia_Rio_1.4_CVVT_Edition_7_(UB)_–_Frontansicht_(2),_25._Oktober_2011,_Düsseldorf.jpg *License*: unknown *Contributors*: user:M 93

Datei:Lada Kalina 1118 Cranberry.JPG *Source*: http://de.wikipedia.org/w/index.php?title=Datei:Lada_Kalina_1118_Cranberry.JPG *License*: unknown *Contributors*: User:Thomas doerfer

Datei:Lancia Ypsilon 1.2 8V Gold (II) – Frontansicht (1), 3. Juli 2011, Essen.jpg *Source*: http://de.wikipedia.org/w/index.php?title=Datei:Lancia_Ypsilon_1.2_8V_Gold_(II)_–_Frontansicht_(1),_3._Juli_2011,_Essen.jpg *License*: unknown *Contributors*: user:M 93

Datei:2011 Mazda2 Touring -- 11-30-2010 2.jpg.jpg *Source*: http://de.wikipedia.org/w/index.php?title=Datei:2011_Mazda2_Touring_--_11-30-2010_2.jpg.jpg *License*: unknown *Contributors*: User:IFCAR

Datei:Mini Cooper (R56, Facelift) – Frontansicht, 17. Juli 2011, Düsseldorf.jpg *Source*: http://de.wikipedia.org/w/index.php?title=Datei:Mini_Cooper_(R56,_Facelift)_–_Frontansicht,_17._Juli_2011,_Düsseldorf.jpg *License*: unknown *Contributors*: user:M 93

Datei:Mitsubishi Colt (Z30) Facelift front 20100731.jpg *Source*: http://de.wikipedia.org/w/index.php?title=Datei:Mitsubishi_Colt_(Z30)_Facelift_front_20100731.jpg *License*: unknown *Contributors*: user:S 400 HYBRID

Datei:Nissan Micra 1.2 Acenta (K13) – Frontansicht, 17. September 2011, Düsseldorf.jpg *Source*: http://de.wikipedia.org/w/index.php?title=Datei:Nissan_Micra_1.2_Acenta_(K13)_–_Frontansicht,_17._September_2011,_Düsseldorf.jpg *License*: unknown *Contributors*: user:M 93

Datei:Opel Corsa 1.2 ecoFLEX Selection (D, Facelift) – Frontansicht, 13. Juni 2011, Heiligenhaus.jpg *Source*: http://de.wikipedia.org/w/index.php?title=Datei:Opel_Corsa_1.2_ecoFLEX_Selection_(D,_Facelift)_–_Frontansicht,_13._Juni_2011,_Heiligenhaus.jpg *License*: unknown *Contributors*: user:M 93

Datei:Peugeot 206+ front 20100513.jpg *Source*: http://de.wikipedia.org/w/index.php?title=Datei:Peugeot_206+_front_20100513.jpg *License*: unknown *Contributors*: user:S 400 HYBRID

Datei:Peugeot 207 Facelift front 20100402.jpg *Source*: http://de.wikipedia.org/w/index.php?title=Datei:Peugeot_207_Facelift_front_20100402.jpg *License*: unknown *Contributors*: user:S 400 HYBRID

Datei:Renault Clio III Facelift 20090603 front.JPG *Source*: http://de.wikipedia.org/w/index.php?title=Datei:Renault_Clio_III_Facelift_20090603_front.JPG *License*: unknown *Contributors*: User:Matthias93

Datei:Renault Clio II Phase V Campus Dynamique Fünftürer Spanischrot.JPG *Source*: http://de.wikipedia.org/w/index.php?title=Datei:Renault_Clio_II_Phase_V_Campus_Dynamique_Fünftürer_Spanischrot.JPG *License*: unknown *Contributors*: User:Thomas doerfer

Datei:Renault Clio Sedan 2006 silver.jpg *Source*: http://de.wikipedia.org/w/index.php?title=Datei:Renault_Clio_Sedan_2006_silver.jpg *License*: unknown *Contributors*: User:Rodrigocd

Datei:Seat Ibiza 6J TDI Emocionrot.JPG *Source*: http://de.wikipedia.org/w/index.php?title=Datei:Seat_Ibiza_6J_TDI_Emocionrot.JPG *License*: unknown *Contributors*: User:Thomas doerfer

Datei:12-02-02-autostadt-wolfsburg-026.jpg *Source*: http://de.wikipedia.org/w/index.php?title=Datei:12-02-02-autostadt-wolfsburg-026.jpg *License*: unknown *Contributors*: User:Ralf Roletschek

Datei:Suzuki Swift 1.2 Comfort (FZ NZ) – Frontansicht, 26. März 2011, Düsseldorf.jpg *Source*: http://de.wikipedia.org/w/index.php?title=Datei:Suzuki_Swift_1.2_Comfort_(FZ_NZ)_–_Frontansicht,_26._März_2011,_Düsseldorf.jpg *License*: unknown *Contributors*: user:M 93

Datei:2009 Tata Indica V2 white.jpg *Source*: http://de.wikipedia.org/w/index.php?title=Datei:2009_Tata_Indica_V2_white.jpg *License*: unknown *Contributors*: User:Corvettec6r

Datei:Toyota Yaris 1.33 Dual VVT-i Club (XP130) – Frontansicht, 8. Oktober 2011, Mettmann.jpg *Source*: http://de.wikipedia.org/w/index.php?title=Datei:Toyota_Yaris_1.33_Dual_VVT-i_Club_(XP130)_–_Frontansicht,_8._Oktober_2011,_Mettmann.jpg *License*: unknown *Contributors*: user:M 93

Datei:Autobianchi A112E 1973.jpg *Source*: http://de.wikipedia.org/w/index.php?title=Datei:Autobianchi_A112E_1973.jpg *License*: unknown *Contributors*: User:328cia

Datei:Audi 50 a Strasbourg.jpg *Source*: http://de.wikipedia.org/w/index.php?title=Datei:Audi_50_a_Strasbourg.jpg *License*: unknown *Contributors*: User:Charles01

Datei:Citroen Visa Post facelift including front view.jpg *Source*: http://de.wikipedia.org/w/index.php?title=Datei:Citroen_Visa_Post_facelift_including_front_view.jpg *License*: unknown *Contributors*: User:Charles01

Datei:Citroen LN bleu.jpg *Source*: http://de.wikipedia.org/w/index.php?title=Datei:Citroen_LN_bleu.jpg *License*: unknown *Contributors*: User:328cia

Datei:Fiat 127 green.jpg *Source*: http://de.wikipedia.org/w/index.php?title=Datei:Fiat_127_green.jpg *License*: unknown *Contributors*: User:Thomas doerfer

Datei:Ford Fiesta (early days) Garmisch-Partenkirchen.jpg *Source*: http://de.wikipedia.org/w/index.php?title=Datei:Ford_Fiesta_(early_days)_Garmisch-Partenkirchen.jpg *License*: unknown *Contributors*: User:Charles01

Datei:Peugeot 104S 1979.jpg *Source*: http://de.wikipedia.org/w/index.php?title=Datei:Peugeot_104S_1979.jpg *License*: unknown *Contributors*: User:Wikiwayman

Datei:Renault 5 first generation light blue.jpg *Source*: http://de.wikipedia.org/w/index.php?title=Datei:Renault_5_first_generation_light_blue.jpg *License*: unknown *Contributors*: User:Charles01

Datei:VW Polo I front 20090810.jpg *Source*: http://de.wikipedia.org/w/index.php?title=Datei:VW_Polo_I_front_20090810.jpg *License*: unknown *Contributors*: user:Randy43

Datei:Autobianchi Y10 LX.jpg *Source*: http://de.wikipedia.org/w/index.php?title=Datei:Autobianchi_Y10_LX.jpg *License*: unknown *Contributors*: User:Corvettec6r

Datei:Citroen AX front 20080320.jpg *Source*: http://de.wikipedia.org/w/index.php?title=Datei:Citroen_AX_front_20080320.jpg *License*: unknown *Contributors*: user:Randy43

Datei:Fiat Uno front 20070829.jpg *Source*: http://de.wikipedia.org/w/index.php?title=Datei:Fiat_Uno_front_20070829.jpg *License*: unknown *Contributors*: user:Randy43

Datei:Honda Jazz CH.JPG *Source*: http://de.wikipedia.org/w/index.php?title=Datei:Honda_Jazz_CH.JPG *License*: unknown *Contributors*: Charles01

Datei:Mazda 121 front 20080131.jpg *Source*: http://de.wikipedia.org/w/index.php?title=Datei:Mazda_121_front_20080131.jpg *License*: unknown *Contributors*: user:Randy43

Datei:Austin Metro Auto 1983.jpg *Source*: http://de.wikipedia.org/w/index.php?title=Datei:Austin_Metro_Auto_1983.jpg *License*: unknown *Contributors*: User:DeFacto

Datei:Nissan Micra front 20071212.jpg *Source*: http://de.wikipedia.org/w/index.php?title=Datei:Nissan_Micra_front_20071212.jpg *License*: unknown *Contributors*: user:Randy43

Datei:Opel Corsa front 20071212.jpg *Source*: http://de.wikipedia.org/w/index.php?title=Datei:Opel_Corsa_front_20071212.jpg *License*: unknown *Contributors*: user:Randy43

Datei:Peugeot 205 front 20080121.jpg *Source*: http://de.wikipedia.org/w/index.php?title=Datei:Peugeot_205_front_20080121.jpg *License*: unknown *Contributors*: user:Randy43

Datei:Renault 5 Saga.jpg *Source*: http://de.wikipedia.org/w/index.php?title=Datei:Renault_5_Saga.jpg *License*: unknown *Contributors*: User:Mr.choppers

Datei:SEATIbizaMk1Diesel.jpg *Source*: http://de.wikipedia.org/w/index.php?title=Datei:SEATIbizaMk1Diesel.jpg *License*: unknown *Contributors*: Bell'Orso, Christian Giersing, Powering, Randroide

Datei:Subaru Justy I.jpg *Source*: http://de.wikipedia.org/w/index.php?title=Datei:Subaru_Justy_I.jpg *License*: unknown *Contributors*: Original uploader was Nicobaba at de.wikipedia Later version(s) were uploaded by Thomas doerfer at de.wikipedia. (Original text : Nicolas Baumann)

Datei:Talbot Samba Madrid 1982.jpg *Source*: http://de.wikipedia.org/w/index.php?title=Datei:Talbot_Samba_Madrid_1982.jpg *License*: unknown *Contributors*: User:Charles01

Datei:Volkswagen Polo 1981.jpg *Source*: http://de.wikipedia.org/w/index.php?title=Datei:Volkswagen_Polo_1981.jpg *License*: unknown *Contributors*: User:Charles01

Datei:Citroen Saxo front 20080403.jpg *Source*: http://de.wikipedia.org/w/index.php?title=Datei:Citroen_Saxo_front_20080403.jpg *License*: unknown *Contributors*: user:Randy43

Datei:Daihatsu Charade rear 20071212.jpg *Source*: http://de.wikipedia.org/w/index.php?title=Datei:Daihatsu_Charade_rear_20071212.jpg *License*: unknown *Contributors*: user:Randy43

Datei:Fiat Punto 55 rot.jpg *Source*: http://de.wikipedia.org/w/index.php?title=Datei:Fiat_Punto_55_rot.jpg *License*: unknown *Contributors*: Marek Banach, Milkmandan, Stahlkocher

Datei:Ford Fiesta van Oma.JPG *Source*: http://de.wikipedia.org/w/index.php?title=Datei:Ford_Fiesta_van_Oma.JPG *License*: unknown *Contributors*: User:Charles01

Datei:Honda Logo front 20071002.jpg *Source*: http://de.wikipedia.org/w/index.php?title=Datei:Honda_Logo_front_20071002.jpg *License*: unknown *Contributors*: user:Randy43

Datei:Lancia Y front101.jpg *Source*: http://de.wikipedia.org/w/index.php?title=Datei:Lancia_Y_front101.jpg *License*: unknown *Contributors*: User:Teccirio

Datei:Opel Corsa front 20080417.jpg *Source*: http://de.wikipedia.org/w/index.php?title=Datei:Opel_Corsa_front_20080417.jpg *License*: unknown *Contributors*: user:Randy43

Datei:Renault Clio I Phase II Dreitürer RN.JPG *Source*: http://de.wikipedia.org/w/index.php?title=Datei:Renault_Clio_I_Phase_II_Dreitürer_RN.JPG *License*: unknown *Contributors*: User:Thomas doerfer

Datei:Rover 111 front 20070924.jpg *Source*: http://de.wikipedia.org/w/index.php?title=Datei:Rover_111_front_20070924.jpg *License*: unknown *Contributors*: user:Randy43

Datei:Seat Ibiza 2 front 20071004.jpg *Source*: http://de.wikipedia.org/w/index.php?title=Datei:Seat_Ibiza_2_front_20071004.jpg *License*: unknown *Contributors*: user:Randy43

Datei:Subaru Justy 2.JPG *Source*: http://de.wikipedia.org/w/index.php?title=Datei:Subaru_Justy_2.JPG *License*: unknown *Contributors*: Lukáš Malý

Datei:Suzuki Swift GS perlrot front.JPG *Source*: http://de.wikipedia.org/w/index.php?title=Datei:Suzuki_Swift_GS_perlrot_front.JPG *License*: unknown *Contributors*: Claus Märkl. Original uploader was DJ-Q at de.wikipedia

Datei:Toyota Starlet P90 front 20090209.jpg *Source*: http://de.wikipedia.org/w/index.php?title=Datei:Toyota_Starlet_P90_front_20090209.jpg *License*: unknown *Contributors*: user:Randy43

Datei:Volkswagen Polo 1.JPG *Source*: http://de.wikipedia.org/w/index.php?title=Datei:Volkswagen_Polo_1.JPG *License*: unknown *Contributors*: Rami Tarawneh

Datei:Audi A2 front 20071002.jpg *Source*: http://de.wikipedia.org/w/index.php?title=Datei:Audi_A2_front_20071002.jpg *License*: unknown *Contributors*: user:Randy43

Datei:2004 Daewoo Kalos.jpg *Source*: http://de.wikipedia.org/w/index.php?title=Datei:2004_Daewoo_Kalos.jpg *License*: unknown *Contributors*: User:Corvettec6r

Datei:Citroen C2 front 20080709.jpg *Source*: http://de.wikipedia.org/w/index.php?title=Datei:Citroen_C2_front_20080709.jpg *License*: unknown *Contributors*: user:Randy43

Datei:Citroën C3 Vorfacelift.JPG *Source*: http://de.wikipedia.org/w/index.php?title=Datei:Citroën_C3_Vorfacelift.JPG *License*: unknown *Contributors*: User:Thomas doerfer

Datei:2000-2001 Daihatsu Storia.jpg *Source*: http://de.wikipedia.org/w/index.php?title=Datei:2000-2001_Daihatsu_Storia.jpg *License*: unknown *Contributors*: TTTNIS

Datei:Fiat Punto II front 20100509.jpg *Source*: http://de.wikipedia.org/w/index.php?title=Datei:Fiat_Punto_II_front_20100509.jpg *License*: unknown *Contributors*: user:S 400 HYBRID

Datei:Ford Fiesta MK6 front 20070926.jpg *Source*: http://de.wikipedia.org/w/index.php?title=Datei:Ford_Fiesta_MK6_front_20070926.jpg *License*: unknown *Contributors*: user:Randy43

Datei:Honda Jazz II Facelift front.JPG *Source*: http://de.wikipedia.org/w/index.php?title=Datei:Honda_Jazz_II_Facelift_front.JPG *License*: unknown *Contributors*: User:Matthias93

Datei:Hyundai Getz front 20090206.jpg *Source*: http://de.wikipedia.org/w/index.php?title=Datei:Hyundai_Getz_front_20090206.jpg *License*: unknown *Contributors*: user:Randy43

Datei:2008 Lancia Ypsilon Orange.jpg *Source*: http://de.wikipedia.org/w/index.php?title=Datei:2008_Lancia_Ypsilon_Orange.jpg *License*: unknown *Contributors*: http://www.flickr.com/photos/mpeinadopa/

Datei:Mazda 2 front 20071102.jpg *Source*: http://de.wikipedia.org/w/index.php?title=Datei:Mazda_2_front_20071102.jpg *License*: unknown *Contributors*: user:Randy43

Datei:Nissan Micra 1st edition (K12) – Frontansicht, 9. Juni 2011, Wülfrath.jpg *Source*: http://de.wikipedia.org/w/index.php?title=Datei:Nissan_Micra_1st_edition_(K12)_–_Frontansicht,_9._Juni_2011,_Wülfrath.jpg *License*: unknown *Contributors*: user:M 93

Datei:Opel Corsa C 1.2 Elegance front 20100912.jpg *Source*: http://de.wikipedia.org/w/index.php?title=Datei:Opel_Corsa_C_1.2_Elegance_front_20100912.jpg *License*: unknown *Contributors*: user:S 400 HYBRID

Datei:Peugeot 206 front 20090416.jpg *Source*: http://de.wikipedia.org/w/index.php?title=Datei:Peugeot_206_front_20090416.jpg *License*: unknown *Contributors*: user:Randy43

Datei:Renault Clio II Phase I Fünftürer 1.2.JPG *Source*: http://de.wikipedia.org/w/index.php?title=Datei:Renault_Clio_II_Phase_I_Fünftürer_1.2.JPG *License*: unknown *Contributors*: User:Thomas doerfer

Datei:Seat Ibiza 3-door silver.jpg *Source*: http://de.wikipedia.org/w/index.php?title=Datei:Seat_Ibiza_3-door_silver.jpg *License*: unknown *Contributors*: User:Thomas doerfer

Datei:SkodafabiaI.JPG *Source*: http://de.wikipedia.org/w/index.php?title=Datei:SkodafabiaI.JPG *License*: unknown *Contributors*: User:Alofok

Datei:Subaru G3X Justy.JPG *Source*: http://de.wikipedia.org/w/index.php?title=Datei:Subaru_G3X_Justy.JPG *License*: unknown *Contributors*: User:Thomas doerfer

Datei:Suzuki Swift front-1.jpg *Source*: http://de.wikipedia.org/w/index.php?title=Datei:Suzuki_Swift_front-1.jpg *License*: unknown *Contributors*: User:Luftfahrrad

Datei:Toyota Yaris front 20081204.jpg *Source*: http://de.wikipedia.org/w/index.php?title=Datei:Toyota_Yaris_front_20081204.jpg *License*: unknown *Contributors*: user:Randy43

Datei:VW Polo IV front 20080215.jpg *Source*: http://de.wikipedia.org/w/index.php?title=Datei:VW_Polo_IV_front_20080215.jpg *License*: unknown *Contributors*: user:Randy43

Datei:P089 VW Golf 1 GTi 2.jpg *Source*: http://de.wikipedia.org/w/index.php?title=Datei:P089_VW_Golf_1_GTi_2.jpg *License*: unknown *Contributors*: user:Arcturus

Datei:Alfa Romeo Giulietta front 20100704.jpg *Source*: http://de.wikipedia.org/w/index.php?title=Datei:Alfa_Romeo_Giulietta_front_20100704.jpg *License*: unknown *Contributors*: user:S 400 HYBRID

Datei:Audi A3 Sportback TDI Ambition (8PA, 3. Facelift) – Frontansicht, 3. März 2012, Ratingen.jpg *Source*: http://de.wikipedia.org/w/index.php?title=Datei:Audi_A3_Sportback_TDI_Ambition_(8PA,_3._Facelift)_–_Frontansicht,_3._März_2012,_Ratingen.jpg *License*: unknown *Contributors*: user:M 93

Datei:BMW 1er Sport Line (F20) – Frontansicht, 17. September 2011, Düsseldorf.jpg *Source*: http://de.wikipedia.org/w/index.php?title=Datei:BMW_1er_Sport_Line_(F20)_–_Frontansicht,_17._September_2011,_Düsseldorf.jpg *License*: unknown *Contributors*: user:M 93

Datei:Chevrolet Cruze LT 1.8 – Frontansicht, 2. Juli 2011, Mettmann.jpg *Source*: http://de.wikipedia.org/w/index.php?title=Datei:Chevrolet_Cruze_LT_1.8_–_Frontansicht,_2._Juli_2011,_Mettmann.jpg *License*: unknown *Contributors*: user:M 93

Datei:Citroën C4 HDi 110 Tendance (II) – Frontansicht (1), 11. April 2011, Düsseldorf.jpg *Source*: http://de.wikipedia.org/w/index.php?title=Datei:Citroën_C4_HDi_110_Tendance_(II)_–_Frontansicht_(1),_11._April_2011,_Düsseldorf.jpg *License*: unknown *Contributors*: user:M 93

Datei:Dacia_Logan_MCV_Facelift_front_-_PSM_2009.jpg *Source*: http://de.wikipedia.org/w/index.php?title=Datei:Dacia_Logan_MCV_Facelift_front_-_PSM_2009.jpg *License*: unknown *Contributors*: User:Michge

Datei:Fiat Bravo II front 20100501.jpg *Source*: http://de.wikipedia.org/w/index.php?title=Datei:Fiat_Bravo_II_front_20100501.jpg *License*: unknown *Contributors*: user:S 400 HYBRID

Datei:Ford Focus Turnier Titanium (III) – Frontansicht, 18. September 2011, Mettmann.jpg *Source*: http://de.wikipedia.org/w/index.php?title=Datei:Ford_Focus_Turnier_Titanium_(III)_–_Frontansicht,_18._September_2011,_Mettmann.jpg *License*: unknown *Contributors*: user:M 93

Datei:11-09-04-iaa-by-RalfR-181.jpg *Source*: http://de.wikipedia.org/w/index.php?title=Datei:11-09-04-iaa-by-RalfR-181.jpg *License*: unknown *Contributors*: User:Ralf Roletschek

Datei:20111023 hyundai i30 01.jpg *Source*: http://de.wikipedia.org/w/index.php?title=Datei:20111023_hyundai_i30_01.jpg *License*: unknown *Contributors*: User:Chu

Datei:Kia cee'd Facelift front 20101012.jpg *Source*: http://de.wikipedia.org/w/index.php?title=Datei:Kia_cee'd_Facelift_front_20101012.jpg *License*: unknown *Contributors*: user:S 400 HYBRID

Datei:Lexus CT 200h Dynamic Line (ZWA10) – Frontansicht, 28. Mai 2011, Düsseldorf.jpg *Source*: http://de.wikipedia.org/w/index.php?title=Datei:Lexus_CT_200h_Dynamic_Line_(ZWA10)_–_Frontansicht,_28._Mai_2011,_Düsseldorf.jpg *License*: unknown *Contributors*: user:M 93

Datei:Lancia_Delta_III_20090706_front.JPG *Source*: http://de.wikipedia.org/w/index.php?title=Datei:Lancia_Delta_III_20090706_front.JPG *License*: unknown *Contributors*: user:Matthias93

Datei:2010_Mazda3_S_Grand_Touring_1_--_05-26-2010.jpg *Source*: http://de.wikipedia.org/w/index.php?title=Datei:2010_Mazda3_S_Grand_Touring_1_--_05-26-2010.jpg *License*: unknown *Contributors*: IFCAR

Datei:Mercedes A 160 CDI Elegance (W169) Facelift 20090620 front.JPG *Source*: http://de.wikipedia.org/w/index.php?title=Datei:Mercedes_A_160_CDI_Elegance_(W169)_Facelift_20090620_front.JPG *License*: unknown *Contributors*: user:Matthias93

Datei:Mitsubishi Lancer VIII Sportback front 20100829.jpg *Source*: http://de.wikipedia.org/w/index.php?title=Datei:Mitsubishi_Lancer_VIII_Sportback_front_20100829.jpg *License*: unknown *Contributors*: user:S 400 HYBRID

Datei:Opel Astra J front 20100725.jpg *Source*: http://de.wikipedia.org/w/index.php?title=Datei:Opel_Astra_J_front_20100725.jpg *License*: unknown *Contributors*: user:S 400 HYBRID

Datei:Seat Leon 1P Facelift 1.4 TSI Style Candyweiß.JPG *Source*: http://de.wikipedia.org/w/index.php?title=Datei:Seat_Leon_1P_Facelift_1.4_TSI_Style_Candyweiß.JPG *License*: unknown *Contributors*: User:Thomas doerfer

Datei:2007_Subaru_Impreza_Front_Quarter.jpg *Source*: http://de.wikipedia.org/w/index.php?title=Datei:2007_Subaru_Impreza_Front_Quarter.jpg *License*: unknown *Contributors*: User:Paul Fisher

Datei:Suzuki SX4 style (Facelift) – Frontansicht, 30. Oktober 2011, Wuppertal.jpg *Source*: http://de.wikipedia.org/w/index.php?title=Datei:Suzuki_SX4_style_(Facelift)_–_Frontansicht,_30._Oktober_2011,_Wuppertal.jpg *License*: unknown *Contributors*: user:M 93

Datei:Toyota Auris Facelift front 20100926.jpg *Source*: http://de.wikipedia.org/w/index.php?title=Datei:Toyota_Auris_Facelift_front_20100926.jpg *License*: unknown *Contributors*: user:S 400 HYBRID

Datei:Toyota Prius III 20090710 front.JPG *Source*: http://de.wikipedia.org/w/index.php?title=Datei:Toyota_Prius_III_20090710_front.JPG *License*: unknown *Contributors*: user:S 400 HYBRID

Datei:Volvo C30 D2 (Facelift) – Frontansicht, 9. April 2011, Hilden.jpg *Source*: http://de.wikipedia.org/w/index.php?title=Datei:Volvo_C30_D2_(Facelift)_–_Frontansicht,_9._April_2011,_Hilden.jpg *License*: unknown *Contributors*: user:M 93

Datei:VW_Golf_VI_2.0_TDI_front_20100508.jpg *Source*: http://de.wikipedia.org/w/index.php?title=Datei:VW_Golf_VI_2.0_TDI_front_20100508.jpg *License*: unknown *Contributors*: user:S 400 HYBRID

Datei:VW Passat Variant B7 2.0 TDI BMT DSG Highline Deep Black.JPG *Source*: http://de.wikipedia.org/w/index.php?title=Datei:VW_Passat_Variant_B7_2.0_TDI_BMT_DSG_Highline_Deep_Black.JPG *License*: unknown *Contributors*: User:Thomas doerfer

Datei:Audi A4 B8 Facelift Limousine Ambiente 1.8 TFSI multitronic Eissilber.JPG *Source*: http://de.wikipedia.org/w/index.php?title=Datei:Audi_A4_B8_Facelift_Limousine_Ambiente_1.8_TFSI_multitronic_Eissilber.JPG *License*: unknown *Contributors*: User:Thomas doerfer

Datei:2010 Audi A5 (8T) 3.0 TDI quattro Sportback 05.jpg *Source*: http://de.wikipedia.org/w/index.php?title=Datei:2010_Audi_A5_(8T)_3.0_TDI_quattro_Sportback_05.jpg *License*: unknown *Contributors*: User:OSX

Datei:BMW 320d Sport Line (F30) – Frontansicht, 26. Februar 2012, Wülfrath.jpg *Source*: http://de.wikipedia.org/w/index.php?title=Datei:BMW_320d_Sport_Line_(F30)_–_Frontansicht,_26._Februar_2012,_Wülfrath.jpg *License*: unknown *Contributors*: user:M 93

Datei:Citroën DS5 HDi 165 SoChic – Frontansicht, 3. März 2012, Düsseldorf.jpg *Source*: http://de.wikipedia.org/w/index.php?title=Datei:Citroën_DS5_HDi_165_SoChic_–_Frontansicht,_3._März_2012,_Düsseldorf.jpg *License*: unknown *Contributors*: user:M 93

Datei:Honda Accord Tourer (VIII, Facelift) – Frontansicht, 26. März 2011, Mettmann.jpg *Source*: http://de.wikipedia.org/w/index.php?title=Datei:Honda_Accord_Tourer_(VIII,_Facelift)_–_Frontansicht,_26._März_2011,_Mettmann.jpg *License*: unknown *Contributors*: user:M 93

Datei:Hyundai i40cw 1.7 CRDi Style – Frontansicht, 10. September 2011, Düsseldorf.jpg *Source*: http://de.wikipedia.org/w/index.php?title=Datei:Hyundai_i40cw_1.7_CRDi_Style_–_Frontansicht,_10._September_2011,_Düsseldorf.jpg *License*: unknown *Contributors*: user:M 93

Datei:Infiniti G37 S (V36, Facelift) – Frontansicht, 2. April 2011, Düsseldorf.jpg *Source*: http://de.wikipedia.org/w/index.php?title=Datei:Infiniti_G37_S_(V36,_Facelift)_–_Frontansicht,_2._April_2011,_Düsseldorf.jpg *License*: unknown *Contributors*: user:M 93

File:Kia Optima 1.7 CRDi Spirit – Frontansicht, 3. März 2012, Düsseldorf.jpg *Source*: http://de.wikipedia.org/w/index.php?title=Datei:Kia_Optima_1.7_CRDi_Spirit_–_Frontansicht,_3._März_2012,_Düsseldorf.jpg *License*: unknown *Contributors*: user:M 93

Datei:2010-2011 Lexus IS 250 (GSE20R MY11) F Sport sedan (2011-04-22).jpg *Source*: http://de.wikipedia.org/w/index.php?title=Datei:2010-2011_Lexus_IS_250_(GSE20R_MY11)_F_Sport_sedan_(2011-04-22).jpg *License*: unknown *Contributors*: User:OSX

Datei:Mazda6 Facelift.JPG *Source*: http://de.wikipedia.org/w/index.php?title=Datei:Mazda6_Facelift.JPG *License*: unknown *Contributors*: User:Thomas doerfer

Datei:Opel Insignia 20090717 front.jpg *Source*: http://de.wikipedia.org/w/index.php?title=Datei:Opel_Insignia_20090717_front.jpg *License*: unknown *Contributors*: user:S 400 HYBRID

Datei:Saab 9-3 Griffin TTID 119gr (103).jpg *Source*: http://de.wikipedia.org/w/index.php?title=Datei:Saab_9-3_Griffin_TTID_119gr_(103).jpg *License*: unknown *Contributors*: Rémi from PARIS, FRANCE

Datei:Seat Exeo 20090603 front.JPG *Source*: http://de.wikipedia.org/w/index.php?title=Datei:Seat_Exeo_20090603_front.JPG *License*: unknown *Contributors*: User:Matthias93

Datei:2010 Subaru Legacy 2.5i Premium -- 03-13-2010.jpg *Source*: http://de.wikipedia.org/w/index.php?title=Datei:2010_Subaru_Legacy_2.5i_Premium_--_03-13-2010.jpg *License*: unknown *Contributors*: IFCAR

Datei:Suzuki_Kizashi_2.4_4x4_CVT_Mineralgrey_Front2.JPG *Source*: http://de.wikipedia.org/w/index.php?title=Datei:Suzuki_Kizashi_2.4_4x4_CVT_Mineralgrey_Front2.JPG *License*: unknown *Contributors*: User:Thomas doerfer

Datei:Toyota Avensis Wagon facelift (front quarter).jpg *Source*: http://de.wikipedia.org/w/index.php?title=Datei:Toyota_Avensis_Wagon_facelift_(front_quarter).jpg *License*: unknown *Contributors*: User:Overlaet

Datei:2012_Volvo_S60_--_04-01-2011_2.jpg *Source*: http://de.wikipedia.org/w/index.php?title=Datei:2012_Volvo_S60_--_04-01-2011_2.jpg *License*: unknown *Contributors*: IFCAR

Datei:VW_Passat_B7_1.4_TSI_BMT_Trendline_Islandgrau.JPG *Source*: http://de.wikipedia.org/w/index.php?title=Datei:VW_Passat_B7_1.4_TSI_BMT_Trendline_Islandgrau.JPG *License*: unknown *Contributors*: User:Thomas doerfer

Datei:VW_Passat_CC_front_20090608.jpg *Source*: http://de.wikipedia.org/w/index.php?title=Datei:VW_Passat_CC_front_20090608.jpg *License*: unknown *Contributors*: user:Randy43

Datei:09 Acura TL .jpg *Source*: http://de.wikipedia.org/w/index.php?title=Datei:09_Acura_TL_.jpg *License*: unknown *Contributors*: IFCAR

Datei:2011 Buick Regal GS 1 -- 2010 DC.jpg *Source*: http://de.wikipedia.org/w/index.php?title=Datei:2011_Buick_Regal_GS_1_--_2010_DC.jpg *License*: unknown *Contributors*: IFCAR

Datei:Chevrolet Malibu (front quarter).jpg *Source*: http://de.wikipedia.org/w/index.php?title=Datei:Chevrolet_Malibu_(front_quarter).jpg *License*: unknown *Contributors*: User:Overlaet

Datei:2011 Chrysler 200 Touring -- 02-14-2011.jpg *Source*: http://de.wikipedia.org/w/index.php?title=Datei:2011_Chrysler_200_Touring_--_02-14-2011.jpg *License*: unknown *Contributors*: IFCAR

Datei:Dodge Avenger SXT sedan 3.jpg *Source*: http://de.wikipedia.org/w/index.php?title=Datei:Dodge_Avenger_SXT_sedan_3.jpg *License*: unknown *Contributors*: IFCAR

Datei:Ford Fusion at NAIAS 2012 004.jpg *Source*: http://de.wikipedia.org/w/index.php?title=Datei:Ford_Fusion_at_NAIAS_2012_004.jpg *License*: unknown *Contributors*: User:Mariordo

Datei:2011 Hyundai Sonata Limited 3 -- 02-13-2010.jpg *Source*: http://de.wikipedia.org/w/index.php?title=Datei:2011_Hyundai_Sonata_Limited_3_--_02-13-2010.jpg *License*: unknown *Contributors*: IFCAR

Datei:2010 Lincoln MKZ 1.jpg *Source*: http://de.wikipedia.org/w/index.php?title=Datei:2010_Lincoln_MKZ_1.jpg *License*: unknown *Contributors*: IFCAR

Datei:07-Nissan-Altima-2.5S.jpg *Source*: http://de.wikipedia.org/w/index.php?title=Datei:07-Nissan-Altima-2.5S.jpg *License*: unknown *Contributors*: IFCAR

Datei:Toyota Camry front 20080730.jpg *Source*: http://de.wikipedia.org/w/index.php?title=Datei:Toyota_Camry_front_20080730.jpg *License*: unknown *Contributors*: user:Randy43

File:2012 Volkswagen Passat TDI SEL -- 2011 DC.jpg *Source*: http://de.wikipedia.org/w/index.php?title=Datei:2012_Volkswagen_Passat_TDI_SEL_--_2011_DC.jpg *License*: unknown *Contributors*: IFCAR

Bild:Mercedes-Benz E 200 CDI BlueEFFICIENCY Avantgarde (W 212) front 20110115.jpg *Source*: http://de.wikipedia.org/w/index.php?title=Datei:Mercedes-Benz_E_200_CDI_BlueEFFICIENCY_Avantgarde_(W_212)_front_20110115.jpg *License*: unknown *Contributors*: user:M 93

Datei:Audi A6 3.0 TDI quattro (C7) – Frontansicht, 2. April 2011, Hilden.jpg *Source*: http://de.wikipedia.org/w/index.php?title=Datei:Audi_A6_3.0_TDI_quattro_(C7)_–_Frontansicht,_2._April_2011,_Hilden.jpg *License*: unknown *Contributors*: user:M 93

Datei:BMW_535i_(F10)_front_20100425.jpg *Source*: http://de.wikipedia.org/w/index.php?title=Datei:BMW_535i_(F10)_front_20100425.jpg *License*: unknown *Contributors*: user:S 400 HYBRID

Datei:Cadillac CTS front.JPG *Source*: http://de.wikipedia.org/w/index.php?title=Datei:Cadillac_CTS_front.JPG *License*: unknown *Contributors*: User:Matthias93

Datei:Citroën C6 – Frontansicht (1), 26. März 2011, Düsseldorf.jpg *Source*: http://de.wikipedia.org/w/index.php?title=Datei:Citroën_C6_–_Frontansicht_(1),_26._März_2011,_Düsseldorf.jpg *License*: unknown *Contributors*: user:M 93

Datei:Infiniti M30d S (Y51) – Frontansicht, 26. März 2011, Ratingen.jpg *Source*: http://de.wikipedia.org/w/index.php?title=Datei:Infiniti_M30d_S_(Y51)_–_Frontansicht,_26._März_2011,_Ratingen.jpg *License*: unknown *Contributors*: user:M 93

Datei:Lancia Thema (front quarter).jpg *Source*: http://de.wikipedia.org/w/index.php?title=Datei:Lancia_Thema_(front_quarter).jpg *License*: unknown *Contributors*: User:Overlaet

Datei:Lexus GS460 Facelift 20090529 front.JPG *Source*: http://de.wikipedia.org/w/index.php?title=Datei:Lexus_GS460_Facelift_20090529_front.JPG *License*: unknown *Contributors*: User:Matthias93

Datei:Mercedes-Benz E 200 CGI BlueEFFICIENCY Avantgarde (W 212) – Frontansicht, 27. August 2011, Mettmann.jpg *Source*: http://de.wikipedia.org/w/index.php?title=Datei:Mercedes-Benz_E_200_CGI_BlueEFFICIENCY_Avantgarde_(W_212)_–_Frontansicht,_27._August_2011,_Mettmann.jpg *License*: unknown *Contributors*: user:M 93

Datei:Skoda Superb II Combi front 20100926.jpg *Source*: http://de.wikipedia.org/w/index.php?title=Datei:Skoda_Superb_II_Combi_front_20100926.jpg *License*: unknown *Contributors*: user:S 400 HYBRID

Datei:2nd_Volvo_S80_--_09-29-2010.jpg *Source*: http://de.wikipedia.org/w/index.php?title=Datei:2nd_Volvo_S80_--_09-29-2010.jpg *License*: unknown *Contributors*: IFCAR

Datei:S-Klasse W221.jpg *Source*: http://de.wikipedia.org/w/index.php?title=Datei:S-Klasse_W221.jpg *License*: unknown *Contributors*: Fadi.

Datei:Aston Martin Rapide NYIAS.jpg *Source*: http://de.wikipedia.org/w/index.php?title=Datei:Aston_Martin_Rapide_NYIAS.jpg *License*: unknown *Contributors*: razvan.orendovici

Datei:Audi A8 III 4.2 TDI quattro front 20100411.jpg *Source*: http://de.wikipedia.org/w/index.php?title=Datei:Audi_A8_III_4.2_TDI_quattro_front_20100411.jpg *License*: unknown *Contributors*: user:S 400 HYBRID

Datei:Bentley Continental Flying Spur Facelift 20090706 front.JPG *Source*: http://de.wikipedia.org/w/index.php?title=Datei:Bentley_Continental_Flying_Spur_Facelift_20090706_front.JPG *License*: unknown *Contributors*: user:Matthias93

Datei:Bentley Continental GT (II) – Frontansicht (1), 30. August 2011, Düsseldorf.jpg *Source*: http://de.wikipedia.org/w/index.php?title=Datei:Bentley_Continental_GT_(II)_–_Frontansicht_(1),_30._August_2011,_Düsseldorf.jpg *License*: unknown *Contributors*: user:M 93

Datei:Bentley Continental GTC (II) – Frontansicht geöffnet (2), 25. Oktober 2011, Düsseldorf.jpg *Source*: http://de.wikipedia.org/w/index.php?title=Datei:Bentley_Continental_GTC_(II)_–_Frontansicht_geöffnet_(2),_25._Oktober_2011,_Düsseldorf.jpg *License*: unknown *Contributors*: user:M 93

Datei:Bentley Mulsanne – Frontansicht, 10. August 2011, Düsseldorf.jpg *Source*: http://de.wikipedia.org/w/index.php?title=Datei:Bentley_Mulsanne_–_Frontansicht,_10._August_2011,_Düsseldorf.jpg *License*: unknown *Contributors*: user:M 93

Datei:Bentley Azure 2007.jpg *Source*: http://de.wikipedia.org/w/index.php?title=Datei:Bentley_Azure_2007.jpg *License*: unknown *Contributors*: User:Thomas doerfer

Datei:Bentley Brooklands 2008.JPG *Source*: http://de.wikipedia.org/w/index.php?title=Datei:Bentley_Brooklands_2008.JPG *License*: unknown *Contributors*: User:Michi1308

Datei:BMW 5er GT (F07) front 20100508.jpg *Source*: http://de.wikipedia.org/w/index.php?title=Datei:BMW_5er_GT_(F07)_front_20100508.jpg *License*: unknown *Contributors*: user:S 400 HYBRID

Datei:BMW F01 front 20081213.jpg *Source*: http://de.wikipedia.org/w/index.php?title=Datei:BMW_F01_front_20081213.jpg *License*: unknown *Contributors*: user:Randy43

Datei:2006_Holden_WM_Caprice_03.jpg *Source*: http://de.wikipedia.org/w/index.php?title=Datei:2006_Holden_WM_Caprice_03.jpg *License*: unknown *Contributors*: Chris Keating from Melbourne, Australia.

Datei:Hyundai new equus(KDM) (5).jpg *Source*: http://de.wikipedia.org/w/index.php?title=Datei:Hyundai_new_equus(KDM)_(5).jpg *License*: unknown *Contributors*:

Datei:2011_Jaguar_XJ-L_--_05-05-2010.jpg *Source*: http://de.wikipedia.org/w/index.php?title=Datei:2011_Jaguar_XJ-L_--_05-05-2010.jpg *License*: unknown *Contributors*: IFCAR

Datei:Jaguar XKR Coupé (X150) Facelift front 20100717.jpg *Source*: http://de.wikipedia.org/w/index.php?title=Datei:Jaguar_XKR_Coupé_(X150)_Facelift_front_20100717.jpg *License*: unknown *Contributors*: user:S 400 HYBRID

Datei:Lexus LS 600h front.JPG *Source*: http://de.wikipedia.org/w/index.php?title=Datei:Lexus_LS_600h_front.JPG *License*: unknown *Contributors*: User:Luftfahrrad

Datei:2009 Lincoln MKS .jpg *Source*: http://de.wikipedia.org/w/index.php?title=Datei:2009_Lincoln_MKS_.jpg *License*: unknown *Contributors*: IFCAR

Datei:Maserati Quattroporte - 1.jpg *Source*: http://de.wikipedia.org/w/index.php?title=Datei:Maserati_Quattroporte_-_1.jpg *License*: unknown *Contributors*: IFCAR

Datei:Maybach 62 BMK.jpg *Source*: http://de.wikipedia.org/w/index.php?title=Datei:Maybach_62_BMK.jpg *License*: unknown *Contributors*: User:BMK

Datei:2010_Mercedes-Benz_CL_500_(C216)_coupe_(2010-11-04)_01.jpg *Source*: http://de.wikipedia.org/w/index.php?title=Datei:2010_Mercedes-Benz_CL_500_(C216)_coupe_(2010-11-04)_01.jpg *License*: unknown *Contributors*: NRMA Motoring and Services from Sydney, Australia

Datei:Mercedes-Benz CLS 350 BlueEFFICIENCY Edition 1 (C 218) – Frontansicht (2), 16. April 2011, Düsseldorf.jpg *Source*: http://de.wikipedia.org/w/index.php?title=Datei:Mercedes-Benz_CLS_350_BlueEFFICIENCY_Edition_1_(C_218)_–_Frontansicht_(2),_16._April_2011,_Düsseldorf.jpg *License*: unknown *Contributors*: user:M 93

Datei:Mercedes-Benz S 350 BlueTEC (W 221, Facelift) – Frontansicht, 2. April 2011, Düsseldorf.jpg *Source*: http://de.wikipedia.org/w/index.php?title=Datei:Mercedes-Benz_S_350_BlueTEC_(W_221,_Facelift)_–_Frontansicht,_2._April_2011,_Düsseldorf.jpg *License*: unknown *Contributors*: user:M 93

Datei:Mercedes SL II.Facelift front.jpg *Source*: http://de.wikipedia.org/w/index.php?title=Datei:Mercedes_SL_II.Facelift_front.jpg *License*: unknown *Contributors*: User:Matthias93

Datei:Mercedes-Benz SLS AMG (C 197) – Frontansicht (3), 10. August 2011, Düsseldorf.jpg *Source*: http://de.wikipedia.org/w/index.php?title=Datei:Mercedes-Benz_SLS_AMG_(C_197)_–_Frontansicht_(3),_10._August_2011,_Düsseldorf.jpg *License*: unknown *Contributors*: user:M 93

Datei:Porsche Panamera 4S (970) – Frontansicht, 20. September 2011, Wülfrath.jpg *Source*: http://de.wikipedia.org/w/index.php?title=Datei:Porsche_Panamera_4S_(970)_–_Frontansicht,_20._September_2011,_Wülfrath.jpg *License*: unknown *Contributors*: user:M 93

Datei:Rolls-Royce Ghost.JPG *Source*: http://de.wikipedia.org/w/index.php?title=Datei:Rolls-Royce_Ghost.JPG *License*: unknown *Contributors*: User:Thomas doerfer

Datei:SC06 2006 Rolls-Royce Phantom.jpg *Source*: http://de.wikipedia.org/w/index.php?title=Datei:SC06_2006_Rolls-Royce_Phantom.jpg *License*: unknown *Contributors*: User:Nrbelex

Datei:20111014 ssangyong new chairman w 1.jpg *Source*: http://de.wikipedia.org/w/index.php?title=Datei:20111014_ssangyong_new_chairman_w_1.jpg *License*: unknown *Contributors*: User:Chu

Datei:VW Phaeton Facelift 2010.JPG *Source*: http://de.wikipedia.org/w/index.php?title=Datei:VW_Phaeton_Facelift_2010.JPG *License*: unknown *Contributors*: User:Thomas doerfer

Datei:Toyota Century2.jpg *Source*: http://de.wikipedia.org/w/index.php?title=Datei:Toyota_Century2.jpg *License*: unknown *Contributors*: Ypy31

Datei:Aston Martin Lagonda West London.jpg *Source*: http://de.wikipedia.org/w/index.php?title=Datei:Aston_Martin_Lagonda_West_London.jpg *License*: unknown *Contributors*: User:Charles01

Datei:Audi V8Quattro.jpg *Source*: http://de.wikipedia.org/w/index.php?title=Datei:Audi_V8Quattro.jpg *License*: unknown *Contributors*: Jagvar

Datei:Bentley Mulsanne Blue NEC.JPG *Source*: http://de.wikipedia.org/w/index.php?title=Datei:Bentley_Mulsanne_Blue_NEC.JPG *License*: unknown *Contributors*: Charles01

Datei:BMW_E32_Front_.jpg *Source*: http://de.wikipedia.org/w/index.php?title=Datei:BMW_E32_Front_.jpg *License*: unknown *Contributors*: User:Heierlon

Datei:1985-1992 Cadillac Brougham.jpg *Source*: http://de.wikipedia.org/w/index.php?title=Datei:1985-1992_Cadillac_Brougham.jpg *License*: unknown *Contributors*: IFCAR, MB-one, Sable232, 2 anonymous edits

Datei:1989.jaguar.xj6.arp.jpg *Source*: http://de.wikipedia.org/w/index.php?title=Datei:1989.jaguar.xj6.arp.jpg *License*: unknown *Contributors*: Infrogmation, Thomas doerfer, Wikisearcher

Datei:Lexus-LS400.jpg *Source*: http://de.wikipedia.org/w/index.php?title=Datei:Lexus-LS400.jpg *License*: unknown *Contributors*: IFCAR

Datei:Lincoln Town Car 1990.JPG *Source*: http://de.wikipedia.org/w/index.php?title=Datei:Lincoln_Town_Car_1990.JPG *License*: unknown *Contributors*: Original uploader was Gerdbrendel at de.wikipedia

Datei:Maserati_Quattroporte_III.jpg *Source*: http://de.wikipedia.org/w/index.php?title=Datei:Maserati_Quattroporte_III.jpg *License*: unknown *Contributors*: FilMys, Siebrand, 1 anonymous edits

Datei:1986-1991_Mercedes-Benz_W126_01.jpg *Source*: http://de.wikipedia.org/w/index.php?title=Datei:1986-1991_Mercedes-Benz_W126_01.jpg *License*: unknown *Contributors*: Original uploader was Darkdoom at de.wikipedia

Datei:Rolls-Royce Silver Spur.jpg *Source*: http://de.wikipedia.org/w/index.php?title=Datei:Rolls-Royce_Silver_Spur.jpg *License*: unknown *Contributors*: User:Bull-Doser

Datei:Toyota-Century-101.jpg *Source*: http://de.wikipedia.org/w/index.php?title=Datei:Toyota-Century-101.jpg *License*: unknown *Contributors*: User:Matthias v.d. Elbe

Datei:BMW 3200 L, Bj. 1962.jpg *Source*: http://de.wikipedia.org/w/index.php?title=Datei:BMW_3200_L,_Bj._1962.jpg *License*: unknown *Contributors*: Lothar Spurzem Original uploader was Spurzem at de.wikipedia

Datei:Cadillac Sedan DeVille 1962.JPG *Source*: http://de.wikipedia.org/w/index.php?title=Datei:Cadillac_Sedan_DeVille_1962.JPG *License*: unknown *Contributors*: User ChiemseeMan on de.wikipedia

Datei:Chaika Kielce.jpg *Source*: http://de.wikipedia.org/w/index.php?title=Datei:Chaika_Kielce.jpg *License*: unknown *Contributors*: User:Pibwl

Datei:Daimler42.jpg *Source*: http://de.wikipedia.org/w/index.php?title=Datei:Daimler42.jpg *License*: unknown *Contributors*: Original uploader was GvA at de.wikipedia

Datei:Horch 670 v.jpg *Source*: http://de.wikipedia.org/w/index.php?title=Datei:Horch_670_v.jpg *License*: unknown *Contributors*: User:Timo_Beil

Datei:Horch-853-sport-cabriolet.jpg *Source*: http://de.wikipedia.org/w/index.php?title=Datei:Horch-853-sport-cabriolet.jpg *License*: unknown *Contributors*: Softeis

Datei:Jaguar MK5 DHC 1948 1.JPG *Source*: http://de.wikipedia.org/w/index.php?title=Datei:Jaguar_MK5_DHC_1948_1.JPG *License*: unknown *Contributors*: Späth Chr. at de.wikipedia

Datei:1961 Lincoln Continental.jpg *Source*: http://de.wikipedia.org/w/index.php?title=Datei:1961_Lincoln_Continental.jpg *License*: unknown *Contributors*: User:Morven

Datei:Mercedes 220S.jpg *Source*: http://de.wikipedia.org/w/index.php?title=Datei:Mercedes_220S.jpg *License*: unknown *Contributors*: Thomas Punsmann at de.wikipedia

Datei:Mercedes Cabrio 250 SE Budapest 2005 091.jpg *Source*: http://de.wikipedia.org/w/index.php?title=Datei:Mercedes_Cabrio_250_SE_Budapest_2005_091.jpg *License*: unknown *Contributors*: User:Noebu

Datei:Opel Diplomat E 1972 1.jpg *Source*: http://de.wikipedia.org/w/index.php?title=Datei:Opel_Diplomat_E_1972_1.jpg *License*: unknown *Contributors*: User:ChiemseeMan

Datei:Tatra 603.jpg *Source*: http://de.wikipedia.org/w/index.php?title=Datei:Tatra_603.jpg *License*: unknown *Contributors*: User:snek01

Printed by Books on Demand GmbH, Norderstedt / Germany